レスター・ブラウン

Ecology エコ経済革命

How Environmental Trends are Reshaping the Global Economy

地球と経済を救う 5つのステップ

未来ブックシリーズ

toExcel
San Jose New York Lincoln Shanghai

エコ経済革命

地球と経済を救う五つのステップ

はじめに

　世界経済が一九五〇年以来六倍近くに膨れ上がるにつれ、基本的なモノやサービスを提供する地球の能力が追いつかなくなってきた。地球の自然の制約とあちこちでぶつかっているにもかかわらず、われわれ人間は、地球の能力が無限であるかのように、人口を増やし消費レベルを引き上げ続けている。

　経済は多くの点で地球本来の能力を超えてしまっている。その結果として、われわれは地球環境を——時には取り返しのつかないやり方で——変えつつあるのである。

　ワールドウォッチ研究所では毎年、『地球白書』を出している。世界の「年次身体検査」を行っているようなものだ。そして毎年、検査結果は基本的に同じである。文字通り、どの徴候も「患者」の健康が悪化の一途をたどっていることを示している。

　詳細については後に述べることにするが、『地球白書』を出してきたこの一五年間、われわれは、アメリカで最高潮に達した「化石燃料をベースにした、自動車中心の使い捨て経済」が無限に拡大し続けることはありえないと主張してきた。経済の進歩を維持できる唯一の方法は、その仕組みを根本から見直し、再生可能なエネルギーをベースにした、再利用／リサイクル経済にしていくことだ、と述べてきた。現在のままの形で世界経済が膨張を続けるならば、最後にはそれを支えている自然のサポートシステムを破壊し、衰退していくだろう。この衰退と崩壊というシナリオは極めて論理的であって目を背けることができないにもかかわらず、われわれは環境を破壊しない持続可能な経済に変えていくことができないでいる。

よい知らせは、環境を破壊しない持続可能な経済がどのようなものかがすでにわかっている、ということだ。たとえば、持続可能な経済の電力は、風や太陽のようなエネルギー源から得られる。また再利用とリサイクルの経済であることもはっきりしている。自然の世界では、ある生物の廃棄物は別の生物の食べ物になるが、経済の構造もこのような自然をまねたものになるだろう。そして持続可能な経済では、人口は安定している。

経済を再構築するための鍵を握っているのは、税制の再編成である。労働や貯蓄といった建設的な行動に課す税を減らし、炭素の排出や有毒廃棄物の生成など破壊的な活動に課す税を重くするのである。税制を新しくするには、企業側にも政治側にもリーダーシップが必要だ。どのような変化のシナリオについて語ったとしても、現在の環境を破壊する経済を、持続可能な経済に変えていくというチャレンジに取り組むリーダーがいないことには、絵に描いた餅にすぎない。

新しい経済——地球環境の原則を尊重する経済——の構築とは、史上最大の投資機会を意味する。このチャンスを理解する企業が十年後に勝者となっているに違いない。そして、現状にしがみつこうとする企業は過去の遺物として置き去りにされてしまうだろう。

ワールドウォッチ研究所所長
レスター・R・ブラウン

エコ経済革命——もくじ

装幀――――川上成夫
表紙イラスト――瀬戸　照
編集協力――――ピーター・デイヴィッド・ピーダーセン

I 現実を直視する——
悲鳴を上げる生命維持《ライフサポート》システム

真の「成長」とは？

環境問題が世界経済をがらりと変えようとしている。今日の世界経済だけではない。将来の経済も、環境問題によって予測もできないような方向に進んでしまうかもしれない。われわれ人類は、はからずも一つの大きな「実験」の真っ只中にいる。われわれの子どもや孫の未来がこれで決まってくる。そして、人間の未来だけではなく、地球上の多くの生物の運命も、このとてつもない「実験」によって大きく左右されるのである。

われわれは歴史上、経験したことがないほどのスピードと規模で、地球を変えつつある。今日の行動の結果すべてをわれわれ自身で見届けることはできないだろう。しかし、いま歩み進めている方向を変え、現在の経済システムを根底から見直さないかぎり、将来の世代にその結果が重くのしかかることは間違いない。

われわれのまえには、これまでどの世代も直面したことのない問いが立ちはだかっている。経済を支える生態系――自然の生命維持《ライフサポート》システム――が支えきれないほど、世界経済が大きくなったら、果たして何が起こるのだろうか？　経済と生態系の不均衡を、いつまで続けることができるのか？　そしてその先には何があるのか？　経済学者の目には、経済と生態系のデリケートなバランスが見えないのかもしれない。しかし、環境分野の科学者の目には、地球の生命維持システムが、のしかかる重みにひずんでいる証拠があちこちに見える。牧草地や漁場などのエコシステムが、持続可能な形で産出できる量をはるかに上回って需要が増大しており、吸収しきれないほどの廃棄物がとどまることなく排出されている。

今後求められる経済成長

経済成長を信奉する考え方には地理的な境界線はなく、地球上のあらゆる場所に浸透している。発展途上国の政治リーダーは、先進国の消費レベルは高すぎると非難するが、自国が近代化すれば、その国の消費にも究極的な限界があるのだということは語らない。また、豊かな先進国のリーダーが、「国民の衣食住や医療に対するニーズが満たされれば、地球の生態系に対する要求はそれ以上増やさないことにする」という計画を発表したなどということも、今まで一度も聞いたことがない。

しかし、環境評論家のエドワード・アビーがいっているように、「成長のための成長は、ガン細胞の増殖と何ら変わるところはない」。ガン細胞が増殖を続けると、その宿主を破壊してしまい、つまりは自分自身の生命維持システムを壊してしまうことになる。同様に、世界経済のとどまるところのない拡大とは、その宿主である地球のエコシステムを少しずつ破壊しているということだ。

「成長」という概念自体を考え直すべき時がきている。問題は、「成長か」「成長ゼロか」ではない。「どこで、どのような成長か」である。世界経済と生態系のひずんだ関係を正そうと思うなら、急速に成長させなくてはならない分野はたくさんある。再生可能なエネルギー源、リサイクル業界、エネルギー効率のよい新しい交通や、通信システムといった分野での成長が、今ほど必要とされている時期はない。また、情報経済が成長すれば、従来あらゆるところで成長源であった重工業と比べて、地球の生態系に対する圧力が少なくてすむようになる。また農業も、発展途上国で今後必要となってくる食糧をまかなうために、大きく伸びる必要がある。さらに、基本的なニーズを満たすための医療や教育などのサービスは、特に発展途上国で伸ばしていかなくてはならない。

難しいのは、環境を壊さない持続的なやり方で、あらゆる人々の基本的なニーズを満たすことだ。確かな成長を続けるためには、以前にもまして発明の才や創造性が必要とされている。「成長か」「成長ゼロか」と両陣営が声高に主張する議論になってしまうと、まったく論点がずれてしまう。

「成長か」「成長ゼロか」という問いのまえで、ぐずぐずしてはいられない。将来の世代のチャンスを奪うことなく、今日の世代のニーズを満たせる経済を、できるだけ早く構築しなくてはならないのだ。「どの世代も、その後に続く世代がそのニーズを満たせるような配慮をしながら、自分たちのニーズを満たさなくてはならない」ことこそ、持続可能な社会の根底にある価値観であり、「エコロジーの黄金律」である。

世界経済を根本から作り直すという難問をやり遂げるために、どれほどの努力が必要か、うまく表現できることばはなかなか見つからない。というのも、それが地球の環境悪化という根深い流れを、逆転させることができるかどうかにかかっているからだ。「膨大かつ前例のない努力」といったことばが思い浮かぶが、それでもどれほどの努力が必要なのか、どれほど事態が切迫しているかを十分に伝えることはできない。

環境的に持続可能な経済を築き、将来の世代に食糧を保証するためには、さまざまな努力が必要だが、その中でも最も難しいのが、人口を安定させることと気候を安定させることの二つである。前者は、人間の性と生殖行動を大きく変革できるかどうかにかかっている。そして後者は、世界のエネルギー経済を再編成できるかどうかにかかっている。どちらをとっても、一つの世代に与えられる難問としては十分に手強いが、われわれの世代は、この二つの難問に同時に立ち向かわなくてはならない。もしわれわれが、この二つの難問を解決し、森林消失に歯止めをかけ、植物や動物の種の減少を抑え、漁場や帯水層、土壌を安定させることができれば、これこそ「エコ経済革命」と呼ぶにふさわしいのではないだろうか。

持続可能な世界経済を構築するには、地球規模で力を結集していかなくてはならない。第二次世界大戦時の動員規模を顔色なからしめるほど、多くの人々の動きが必要である。環境問題には国境はない。地域や国レベルの努力だけでは不十分である。世界中の国々、世界中の人々が力を合わせてはじめて、われわれや子孫の未来をむしばむ現在の流れを逆転することができよう。

本書では、世界中のあちこちで実際に起こっている出来事や傾向を取り上げるが、サウジアラビアの水不足への対処にしても、インドネシアの森林消失にしても、すべて全体像の一部である。それぞれが地球上すべての人々の将来に直接関わっているのである。

また、一人ひとりが何をすべきかをこれから具体的に述べていくが、その前にまず事実を直視しよう。われわれの生命維持システムの現状は？　どういう点で、世界経済が生態系の枠からはみ出しつつあるのだろうか？

果てしなく拡大する世界経済の行方

この五〇年間、世界経済は前例のない勢いで成長し続けた。世界経済の総産出量は、一九五〇年は五兆ドルだったが、九七年には二九兆ドルに達すると推計されている。この半世紀の間に、世界のモノやサービスの産出高は実に六倍近くになったのだ。もっと驚くべき数字は、一九九〇年から九七年までの経済成長率だ。九〇年代初めに緩やかなスタートを切った後、九五年から年平均約四％という快進撃で世界経済はぐんぐんと伸びている。一九九〇年から九七年までの七年間に、世界のモノやサービスの産出量は五兆ドルも増えた。これは、人類の文明が始まってから一九五〇年までの間の成長に匹敵する伸びである。一九九七年の一年間だけを取り上げても、この一年の一・一兆ドルという経済産出量の伸びは、一七世紀の一〇〇年間の全産出高を上回っているのだ。

予想どおり年三％の伸びが続くとすれば、二〇二〇年までに世界経済は五七兆ドルに増大する。そのまま成長を続ければ、二〇五〇年にはさらに倍増して一三八兆ドルに達する。現在の経済活動レベルで、すでに多くの環境問題に直面しているのに、次の二三年間で経済産出量が二倍に、もしくは五三年間で四倍になったら、一体どうなってしまうのだろうか？

このような急速な経済成長によって、地球の生態系の収容力が限界に達していることは明らかである。一九五〇年から九七年までの間に、材木使用量は三倍に増え、紙の使用量は六倍に、漁獲量はほぼ五倍に、穀物消費量は三倍近くに、鉄鋼生産量も三倍近くに、また化石燃料の使用量は四倍に増えている。このような例はいくらでも挙げられるが、全般的な傾向は明白である。経済は拡大しても、経済を支えている生態系は大きくならない、ということだ。このズレによって、経済と生態系の関係がますますひずんできている。

いうまでもなく、世界経済が拡大している主因は人口の増大だ。人口増加率はやや下がりつつあるとはいえ、それでも年に八〇〇〇万人ずつ人口が増えている。一年半ごとに、日本の全人口が地球上に加わり続けている計算だ。現在約五八億の世界の人口が、二〇二〇年には七七億人になる。つまり世界は、さらに一九億人を養わなくてはならないということだ。加えて、特にアジアやラテンアメリカで富裕層が増大するにつれて、一人当たりの消費量も以前より増えている。

二つの世界観のズレ

一九九七年四月、国際通貨基金（IMF）は、半年ごとの世界経済の現状報告を発表した。報告の内容は、「一九九七年、世界経済の成長率は四・四％で、ここ数年間で最高のレベルである。主要国の予算赤字は減り、史上最高レベルで国際的に資金が流れており、国際貿易も勢いよく拡大している」というものだ。まさに、ファイナンシャル・タイムズ紙が述べたように、「グローバル経済の状況についての輝かしい白書」である。

この世界経済の評価に関して、IMFでは、一九九七年一二月に、東南アジアや韓国の状況の悪化を考慮に入れた特別号を出した。その中で、一九九七年の世界経済の伸びを、当初の予想四％強から三・五％に下方修正した。IMFのアナリストは、「今回の状況悪化は世界経済拡大という長期的な流れの中では、一瞬の乱れに過ぎない」と見ている。また、多くの点で世界経済を先導している米国でも、一九九七年末から九八年初めにかけて起こった、東南アジアと韓国の金融危機にもかかわらず、世界経済は一般的に上昇基調だという見通しである。八〇年代後半のバブル経済後の長期不況からなかなか抜け出せないでいる日本では、IMFや米国政府が描いているような世界経済の〝バラ色〟のイメージは受け入れにくいかもしれない。それでも、中国や他のアジア諸国でも高い経済成長率が見込まれており、全般的に世界経済はとどまるところなく拡大を続けているというイメージは、明らかである。

われわれのワールドウォッチ研究所では、別の角度からの『地球白書』を出している。毎年一月に、地球環境の状況に関する詳細な報告を発表しているのだ。毎年、世界の「身体検査」を行っているといってもいいだろう。報告を出し始めて一五年になるが、残念なことに、毎年報告の基本線は変わらず、「世界の健康状態は前よりも悪くなっている」と報告せざるをえない。「患者」の健康状態は悪化の一途をたどっているのだ。年々、森林面積は減少し、砂漠が広がっている。過放牧が放牧地を荒らし、耕地は土壌浸食にむしばまれている。漁業の乱獲は今では特定の漁場だけの話ではなく、どこでも見られる現象である。世界中で帯水層が枯渇し、水不足の時代を告げつつある。大気中の二酸化炭素濃度は毎年上昇を続け、残念ながらこの傾向は続くと考えられている。地球上の植物や動物の種の数も減り続けている。以上の傾向は、経済が生態系の枠に収まりきらなくなったことを、如実に示しているのである。

この二通りの世界の現状認識に大きなズレが生じているのは明らかである。一方で経済は終わりなき拡大を続けると予測しており、他方は地球の生態系の収容力を懸念している。現実に対するこの認識のズレを埋めることは、今後のわれわれにとって、最大の課題の一つである。本書ではまず、なぜこの世界経済をずっと維持することが無理なのかを説明する。次に、発展を続けられるように経済を再構築するにはどうしたらよいかを述べる。ここでは、この新しい経済への移行をうまくなしとげるために政治家や企業の管理者が、どのような手段を取るべきかについても述べる。これはまさに、人類にとって最大の難問であると同時に、史上最大のビジネスチャンスなのである。

現実を直視することはたやすいことではない。特に、その現実が行動の変化を求めている、つまり一番根っこにある生命維持システムを壊すことなく、すべての人々の基本的ニーズを満たす新しい方法を求めている場合は、なおさらである。

エコシステムの限界に直面する

人類が誕生して以来、われわれははじめて、いくつかの地域で、またものによっては地球規模で、生態系の収容力の限界に近づきつつある。なかには限界を超えてしまったものもある。もちろん過去にも、紀元前六〇〇年から紀元九〇〇年頃までグアテマラの低地に栄えたマヤ文明のように、環境が圧迫された結果、食糧不足や政治紛争が生じて衰退し、消滅してしまった文明もある。しかし、このような衰退が起こるのは常にある地域に限定されていた。また、北アフリカはかつてローマ帝国の重要な穀倉地帯だったが、次第に土壌浸食と砂漠化が進み、穀倉地帯の役目を果たせなくなってしまった。しかし、このプロセスは非常に緩やかなもので、当時の人々にはその理由は明らかではなかっただろう。つまり人類の歴史を振り返っても、これまで環境面での大きな制約は一つもなかったのだ。つい最近まで、取りたいと思えば魚は海にいくらでもいたし、耕しきれないほどの土地がいくらでもあった。つい最近までは、漁業技術に投資をして、より大型で最新式のトロール船を手に入れれば、漁獲高を増やすことができた。農業でいえば、施肥量を増やせば土地生産性を上げることができた。そして深い井戸をどんどん掘れば、いくらでも潅漑用水を汲み上げることができた。しかし今日では、漁獲高や汲み上げ可能な水の量を左右するのは、トロール船や井戸掘りにどれくらいの資本を投下できるかではなく、持続可能なやり方で地球が産出できる量はどのくらいかなのである。魚の量自体が減り、帯水層が枯渇しつつあるときには、いくらトロール船や潅漑用井戸に追加投資をしても、不足の問題は解決しない。たとえば農業でいえば、これまでは施肥量を増やせば必ず収量も増えた。しかし、作物が栄養素を吸収できる遺伝的能力ギリギリまで肥料をやっている国が増えている今、「施肥量の伸びイコール収量の伸び」ではなくなってきているのだ。

ここに挙げた三つの例——漁獲高、水の使用、肥料の使用——をみれば、自然の制約がどのように経済の見通しに影響を与えるかがわかる。投資ではなく地球環境の要因が、生産能力を左右するという状況が次々と出てきている。すでに収容力の限界まで達した生態系に、今まで以上の産出を期待し続けることはできない。これは、考えもつかない未知の世界だ。そして、われわれにはこの変化がなかなか理解できない。

人は現実から目をそむけたがる。しかし、主要分野の最近の傾向を見れば、以前にもまして、ただちに行動を起こして経済を再構築しなくてはならないことは明らかだ。経済を支えているシステムを守ることができなければ、経済成長そのものも危うくなることは間違いない。

水不足の時代

次第に広がっている水不足は、世界でもっとも過小評価されている資源問題ではないだろうか。一九九〇年代初めまでに、合計二億三、〇〇〇万人を抱える約二六ヵ国が水不足と判定されている。人口と経済の拡大に伴って水の需要が伸びるにつれて、水不足の国はどんどんと増えるだろう。

水の利用方法は三つに分けることができる。農業用水と工業用水、そして住宅用水である。河川から引水したり、地下の帯水層から汲み上げているすべての水のうち、約七〇%が農業用に、二〇%が工業用に、残り一〇%が住宅用に使われている。

近代的な工業国に住む人にとって、蛇口をひねれば水が勢いよくほとばしり出るというのは当然のことだろう。しかし、その背後にある全体像を見てみると、帯水層がこれまでにないほどの速度で枯渇しつつあることがわかる。水資源の枯渇は、食糧の見通しに直接影響を与える。これは、水不足の影響をまともに受けている国でも、日本のように水不足に対してそれほど切迫感を持っていない国でも同じである。

今世紀半ばから現在まで、水の利用量は三倍に膨れ上がり、過剰な汲み上げにつながった。すべての大陸で地下の水位が低下している。アメリカでも、南ヨーロッパでも、北アフリカでも、中東でも、中央アジアでも、南アフリカでも、インド亜大陸でも、そして、中国の中央部及び北部でも同様だ。帯水層が枯渇しているうえ、水を農業用途以外に転用するようになったため、灌漑の新規プロジェクトが実施しにくくなった。このため、世界の人口一人当たりの灌漑用地は、ピーク時の一九七八年から一九九五年まで五%減少した(図1)。多くの政府が水不足に関心を寄せつつあるが、それでも水問題は食糧問題とは別物だと考えられることが多い。しかし、七〇%の水が灌漑用だということを考えれば、将来の水不足は、食糧不足も意味するのだ。

事実、水不足は食糧供給を左右することで経済発展を間接的に脅かす可能性がある。今日灌漑用水を汲み上げすぎているところでは、そのうち灌漑が減るだろう。それは、食糧生産の減少を意味する。世界の穀物の約四〇%が灌漑によって栽培されていることを考え

図 1　世界の人口1,000人あたりの潅漑面積

1961〜95年

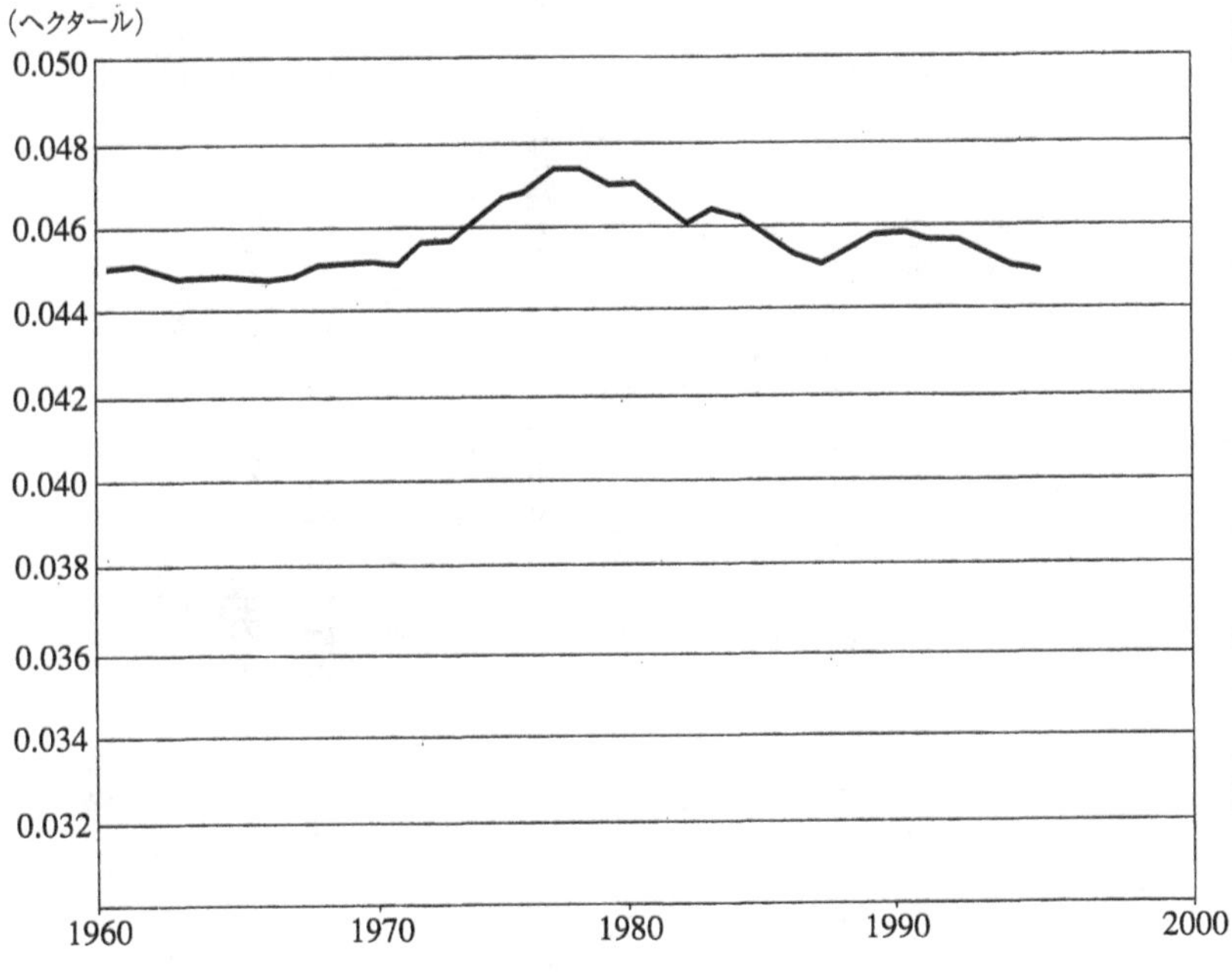

れば、これは決して喜ばしいニュースではない。もうすでに、灌漑ができなくなってきて、穀物輸入を増やしている国も数多くある。同時に、食糧需要の増大により穀物の価格が高騰し始めている。穀物の七〇％を輸入に頼っている日本のような国では、「水不足↓食糧不足↓食糧価格の高騰」という悪循環が誰の目にも明らかになってくることは間違いない。

世界の人口が増え続け、供給可能な量を上回る水を必要とする地域が増えてきている。中東のように深刻な水不足に直面している地域では、今後は石油ではなくて、水をめぐって戦争が起こるだろうという評論家もいる。水不足が広がる一方、工業用水や住宅用水への需要が伸び続けるとなると、灌漑から転用される水はますます増えるだろう。

灌漑用水が不足して、食糧の生産が十分にできなくなると、今度は穀物の輸入を増やして補うことになる。すると、水をめぐる争いが世界の穀物市場で繰り広げられる可能性がある。その戦いに勝つのは、軍事的に強い者ではなく、財政的に力のある者だろう。

水に関する問題は、まだいくらでも挙げることができる。中国の黄河やアメリカのコロラド川などの大河は、一年のうち何ヵ月間ももはや海までたどり着けない。海と河川は複雑な仕組みで共生しているので、川が干上がってしまうと、予測できないような影響が水の生態系に出てくるだろう。また、都市の消費者や経済活動のために転用する水が増えると、都市と農村の間の水をめぐる争いは激化するだろう。また、水資源の汚染は、すでに中国などで問題になっている。アジアでは、急速に経済が発展しており、ほとんど野放し状態で産業化が進んでいるために、水質汚濁はアジアの大きな環境問題の一つになるだろう。全般的な傾向は極めて明白だ。地球規模で水が不足する時代がやってきている。そして、このために経済活動や世界経済の発展に、水不足という自然の制約が歯どめをかけてくるだろう。西暦二〇〇〇年に向けて世界が直面している問題の中でも、最も過小評価されている資源問題の一つが水の問題なのである。

人口増加＋富裕層の拡大＝食糧難

世界の食糧需要、特に穀物需要は著しく伸びている。毎年八、〇〇〇万人ずつ人口が増えていくだけでも、二、六〇〇万トンの追加穀物が必要になる。発展途上国、特にアジアでは、一九九〇年代に急激に経済が発展し富裕層が急増したが、これによって食糧需要の伸びはさらに加速している。

穀物需要は史上最高の速度で増大している一方、収穫量の伸びは鈍化しているため、世界の穀物の繰越備蓄（次の収穫が始まる時点の備蓄量）は減っている。一九九六年の穀物の繰越備蓄は史上最低となり、世界消費量の五一日分に落ちた。これは、一九八七年のピーク時の半分以下である(図2)。一九九六年、世界の主要な食糧生産国は例外的な好天に恵まれ、これまでにない豊作だったにもかかわらず、取り崩してしまった備蓄はほとんど回復されなかった。一九九七年も同様で、豊作にもかかわらず備蓄レベルは戻っていない。水不足による食糧不安もある。食糧不安が急速にこの時代の決定的要因となりつつあるのだ。

海産物や肉、大豆など高蛋白質食物の需要が増えていることが、世界の食糧資源に対する圧力増大の主な原因の一つである。この点で中国は、われわれの国の経済企画者や政治家の「目を覚まさせる」役割を担っているかもしれない。最近中国は、穀物の実質的な輸出国から実質的な輸入国になってしまった。従来確固たる自信を持っていた中国政府にとっても、これは大変なショックだった。実際一九九五年に江沢民書記長は、中国の食糧不足は明らかになりつつあり、「農業の伸びが遅れていることから、インフレや安定性、国の経済発展に脅威を与える問題が生じる可能性がある」と警告をしている(『誰が中国を養うのか』)。大局的に見れば、増大する人口に加えて、人々が食物連鎖を上の方へと上がって

図２　世界の穀物繰越備蓄（消費日数換算）
1961～98年

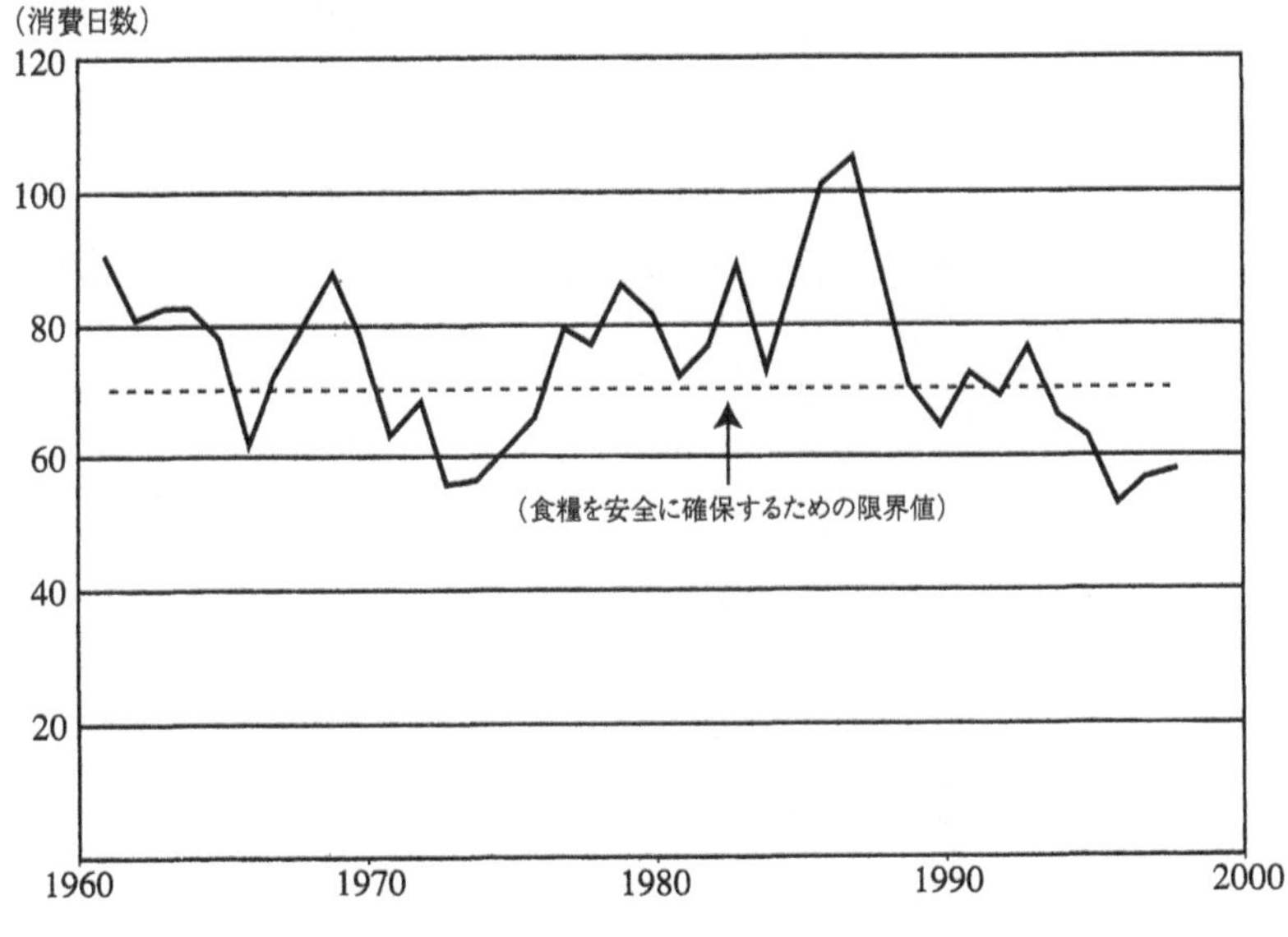

いくことから、食糧需要が急増し、アジア全体の政治や経済の安定が深刻な脅威にさらされる可能性がある。ここでも中国は、人々が食物連鎖を上がっていったらどうなるかを示唆するショッキングな例となる。

貧しい人からみると、高蛋白質食品、特に肉を買えるというのは、経済が発展し生活の質が向上した証《あかし》だ。一九九三年に「生活状況はよくなってきたか」と尋ねられた中国内陸部の村人は、こう答えている。「全般的に生活はずいぶんよくなってきた。うちの家族は今では週に四回か五回は肉を食べているからね。一〇年前には肉なんて食べたことがなかった」と。しかし、一三億の人々が週に四回も五回も肉を食べるようになったらどうなるだろう？　今日中国では、年に一人当たり四キログラムの牛肉を消費している。一方アメリカは四五キロである。もし中国がこの「牛肉のギャップ」を縮めようとしたら？　一キロの牛肉を生産するには、通常七キロの穀物が必要である。つまり、これだけの牛肉を生産するには約三億四、〇〇〇万トンの穀物が必要となるということだ。これはアメリカの穀物の全収穫量に等しい（図3）。

もっとシンプルだが明らかな例を挙げよう。もし、中国人が一年に四本多くビールを飲むことにしたら、ノルウェーの穀物収穫量を全部消費してしまうことになる。そして、中

図３　中国 ― 飼料用穀物の量
1960～97年

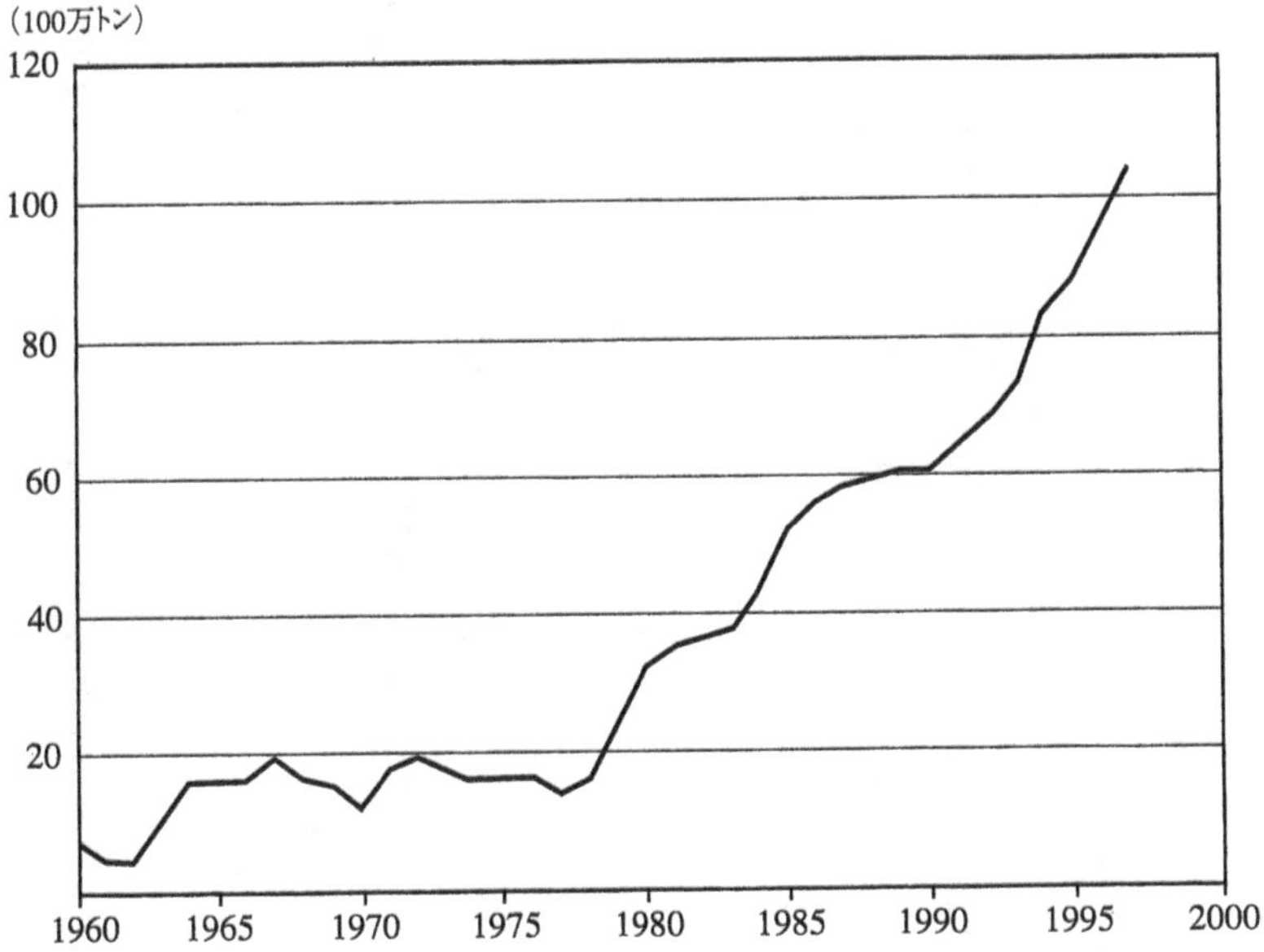

国が日本人と同じ量の海産物を食べるようになったら、世界中の漁獲量すべてを食べ尽くしてしまう計算になる。

ここでは中国人を批判したり、その食生活について指図しようとしているのではない。しかし、中国はその人口の大きさゆえに、他国をはっと気づかせてくれる事例になるのだ。何であれ一三億倍すれば、天文学的な数になる。将来的には、食物連鎖を上がっていくのは中国だけではなく、約九億六、〇〇〇万人を抱えるインドなど、アジアやその他の発展途上国の何十億人も同様であろう。どういうことになるのだろうか？　穀物を輸入せざるをえない国がどんどん増えるということだ。そのとき、だれが十分な量の穀物を生産できるのだろうか？　最近の収穫の傾向が続くとすれば、残念ながら答えは明白だ。食物連鎖を上ってアメリカ人と同じ食生活をしようとする人々は増え続ける一方だが、これらの人々を支えるだけの十分な穀物を生産する力は、地球にはおそらくない。世界銀行や国連食糧農業機関（ＦＡＯ）の穀物供給予測は非常に楽観的なものだが、それでも世界中の人々が、アメリカ人と同じ生活をするのに必要な穀物を生産できるとは、予測していない。

日本政府が一九九五年後半に出した世界の食糧事情に関する評価報告は、小麦とコメの価格は二〇一〇年には二倍になるかもしれないと指摘し、世銀の食糧予測とはきっぱり袂を分かつものだった。世銀やFAOで農作物の需給予測を担当している経済学者は何年も、二〇一〇年までずっと穀物は余り続け、穀物価格は下落を続けると予測してきた。しかし、日本政府の予測は、現在直面している自然の制約要因、例えば作物の肥料への反応の鈍化や主要な食糧生産地域での帯水層の枯渇、潅漑用水の都市用水への転用、耕地の喪失など、特にアジアで顕著に見られるこのような制約要因を考慮に入れている。この日本政府の報告書は、日本が最初に世銀の楽観的な予測から「決別した」ことを示しており、これで迅速な行動が必要であることが幅広い層にわかってもらえるだろう。

世界のあちこちで大量の穀物輸入が必要になり、食糧不足が続くと、「五八億の人間とわれわれが依存している生態系や資源の関係に、大いに問題あり！」という警鐘が鳴り響くだろう。水不足の問題も絡んで、「安全保障」を再定義せざるをえなくなるのではないだろうか。「水や食糧が不足すると経済の安定が揺らぐ。これは軍事侵略以上に安全保障を脅かすものだ」ということが認識されるであろう。

人生をフットボールにたとえるなら…

1950年、世界の一人当たり穀物栽培面積は、0.23ヘクタールだった。これはちょうどアメリカンフットボールのフィールドの半分強に相当する。その後、一人当たり面積はほとんど半分の0.12ヘクタールにまで減少した。

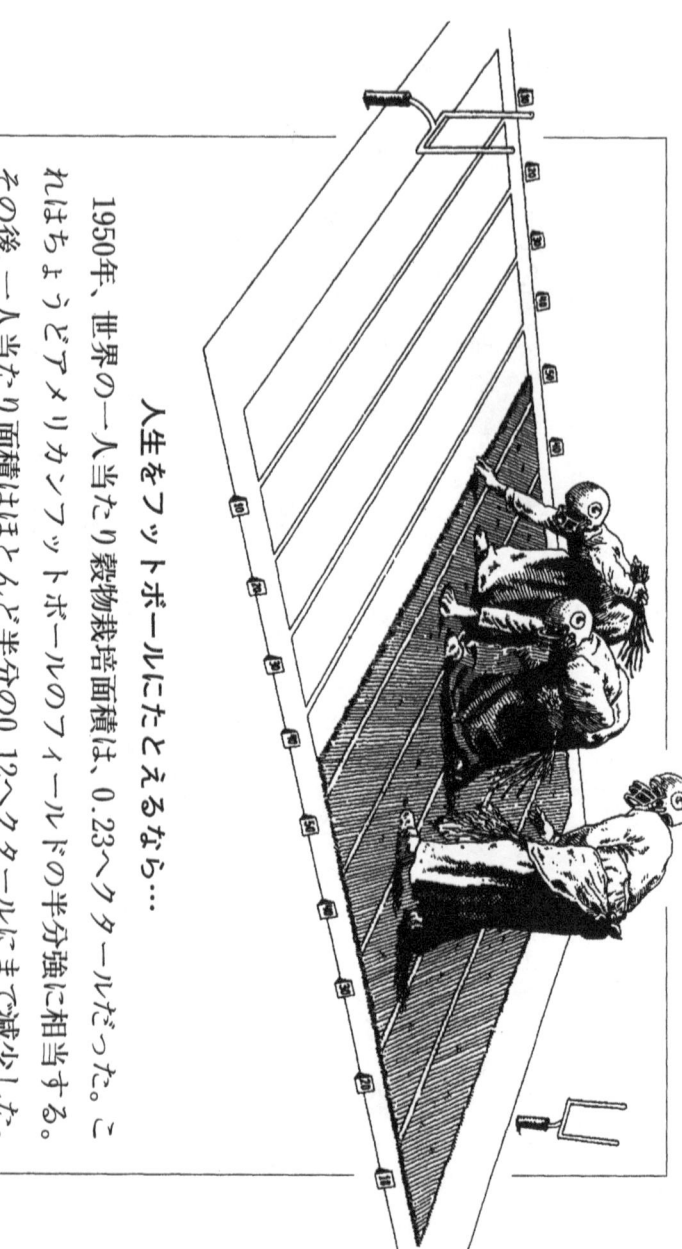

ちょうど52ヤード・ラインから27ヤード・ラインにまで押し戻されたような状況だ。世界の食料供給というゴールを守るのに、バックスがゴール・ライン上にくるまで、もうさほど距離は残されていない。

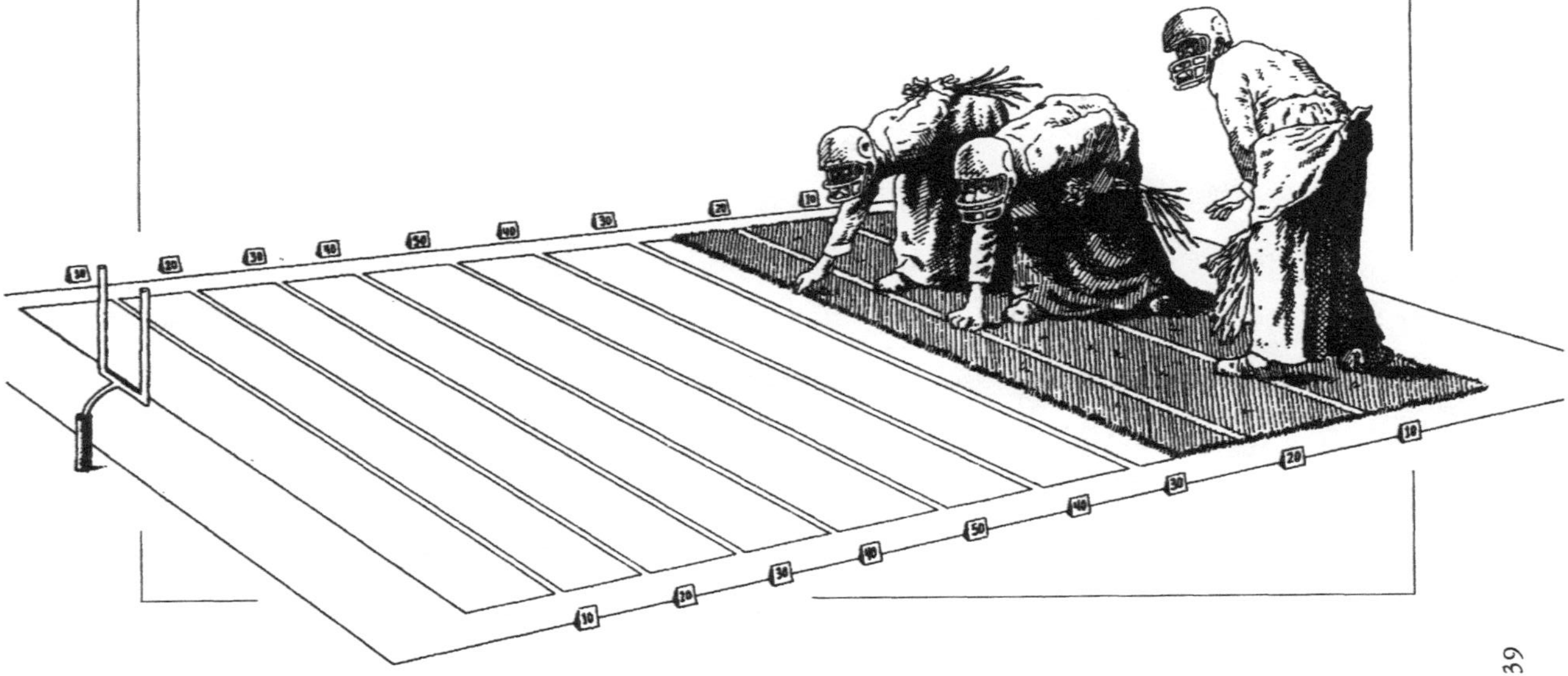

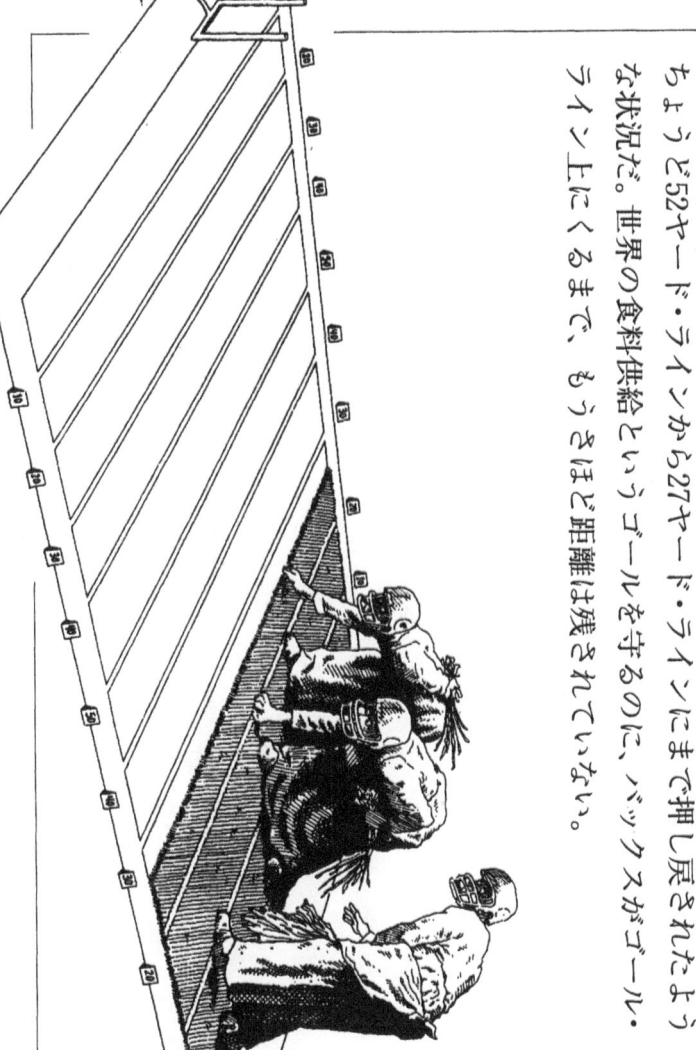

地球から森林が消える日

森林は生態系の中核である。水の循環を安定させ、土壌を侵食から守り、多くの植物や動物の生育地となり、さまざまな産物を提供する。他の資源と同様、森林産物への需要も世界経済の拡大に伴って何倍にも増えてきた。一九五〇年以来、材木の使用は二倍以上に、紙の使用は六倍に激増し、薪の使用も発展途上国の人口の増大につれて急増している。一九九一年から一九九五年をみると、毎年平均一、一三〇万ヘクタールの森林が消失している。三年ごとに日本の国土面積に等しい森林が、地球上から消えている計算である。

森が失われてダメージを受けるのは森林だけではない。木々や植物の覆いがなくなると土壌は侵食され、地表の植物が減ると、降雨を吸収する能力も弱まって洪水が頻発することになる。推定五億七、九〇〇万ヘクタール（日本の面積の一五倍）の土地が、森林消失によって直接的または間接的に劣化している。

地球全体で見ると、森林が失われることで地球温暖化の恐れがいっそう強くなる。化石燃料の使用量は一九五〇年以来四倍に増え、また森林の消失によって自然が二酸化炭素を吸収する能力も損なわれていることもあって、炭素の排出が過剰になっている。その結果、二酸化炭素の大気中濃度は、一五万年間で最高レベルまで上昇してしまった。二酸化炭素などの温暖化ガスの大気中濃度が上がると、気候がどのように変わるかを調べるコンピュータのシュミレーションモデルの予測どおり、現在、気温は上昇し続けている。特に熱帯で森林の覆いがこれ以上失われると、今でも深刻な環境問題である温室効果を、さらに加速することになるだろう。

森林の将来をめぐって地球規模の戦いが繰り広げられているが、これは、日本の大企業も含めて「材木のために木を切りたい人々」と、「破壊されていないエコシステムとして森林を守りたい人々」の綱引きだといわれることが多い。しかし、ほとんどの発展途上国にとっては、どちらの意見も一〇〇%満足できるものではないし、また現実的なものでもない。好き勝手に材木を伐採すれば、遅かれ早かれその生態系は破局を迎えることになる。かといって、広大な地域に手を触れずにおくことにすると、増大する人口を経済的に何とかしたいという必死の思いに対処できない。したがって、気候を安定させ、絶滅する種の増加に歯止めをかけ、世界人口の大部分の生存自体を支えるためには、できるだけ早く持続可能なやり方で、森林を利用する方向へ動かなくてはならない。このためには価値観や消費パターンも大きく変えなくてはならない。豊かな国の人々は「無理だ」と思うかもしれない。しかし、今必要な行動を取らないで従来通りのやり方を続けていると、後々のコストはずっと高くついてしまう。

種の絶滅は経済を不安定にする

世界経済が拡大を続けるにつれ、われわれを支える生命維持システムが被害を被っているのみならず、われわれとともに地球上に生きている他の種の存在そのものも、危機に瀕している。たとえば、地球に住む鳥の種は一万近くあるが、そのうち一、〇〇〇種以上が絶滅の危機に瀕していると公式に判定されている。四、四〇〇種のうち一、一〇〇種が絶滅の危機に瀕している哺乳類は、もっと危うい状態だ。哺乳類の中でも人間に最も近い霊長類にいたっては、二三二種のほとんどが危機的状態であり、半分近くは絶滅するのではないかといわれている。魚はすべての種——淡水魚も海水魚も合わせて——の三分の一が絶滅の危機に瀕している。

この五〇年間、人間の数が急増し、生態系に対する要求がすさまじく増大したために、人間以外の多くの生物にとって、未来は暗いものになってしまった。われわれは地球上の他の生きとし生ける物に対し、特に先に述べたように人間に最も近い霊長類に対して、ほとんど同情を寄せていないことがわかる。種が消失するとエコシステム全体が影響を受ける。特に花粉を媒介したり種をあちこちに蒔いたり、害虫を牽制するなど、自然が提供しているサービスに影響が出てくる。種が失われると、さまざまな生命が織りなしている網のある目が抜けてしまう。それが続くと網に大きな穴がぽっかりあいてしまい、地球の生態系が取り返しのつかない形で変わってしまう危険性がある。生物の種が多様であればあるほど、エコシステムは安定する。現在の勢いで種の多様性が失われているということは、われわれ人間が地球全体のエコシステムの安定を脅かしているということだ。「他の生命体にもそれぞれ独自の価値があるのです。人間としてそれでいいのですか」といっても、主流派の経済学者にこの問題の重要性がわからないならば、「地球上の生命体がどんどん消え続ければ、経済システムも社会システムも大きく揺るがされることは避けられない」といえばわかるのではなかろうか。

人間は気候を司る神?

これまで見てきた傾向は明らかである。つまり、水にしろ、森林にしろ、種の喪失にしろ、状況は悪化の一途だ。そして、ぐらぐらと揺らぐ危険に瀕している生命維持システムの最後の例が、地球の気候システムだ。地球が温暖化している証拠は年を追うごとに蓄積されている。一八六六年に記録を取り始めて以来一三〇年間で最も暖かい一四年は、一九七九年以降に起こっている(図4)。世界のどこであっても、経済が工業化すると化石燃料(主に石油と石炭)から電力を得るようになる。化石燃料の使用が増大し、森林が加速度的に消失するにつれて、大気中の二酸化炭素濃度は着実に上昇しているのである。

二酸化炭素も他の温室効果ガス同様、熱を閉じこめて温暖化効果を高める。温暖化効果自体は地球の大気の自然な仕組みであるが、このようなガスが際限なく排出されると大規模な気候変動を招く、と多くの科学者が述べている。一九九五年、二、五〇〇人の科学者を抱える国連の気候変動に関する政府間パネル(IPPC)は、「証拠を秤にかけてみると、明らかに人間が地球の気候に影響を及ぼしていることがわかる」と結論づけた。

図４　世界の平均気温

1950～97年

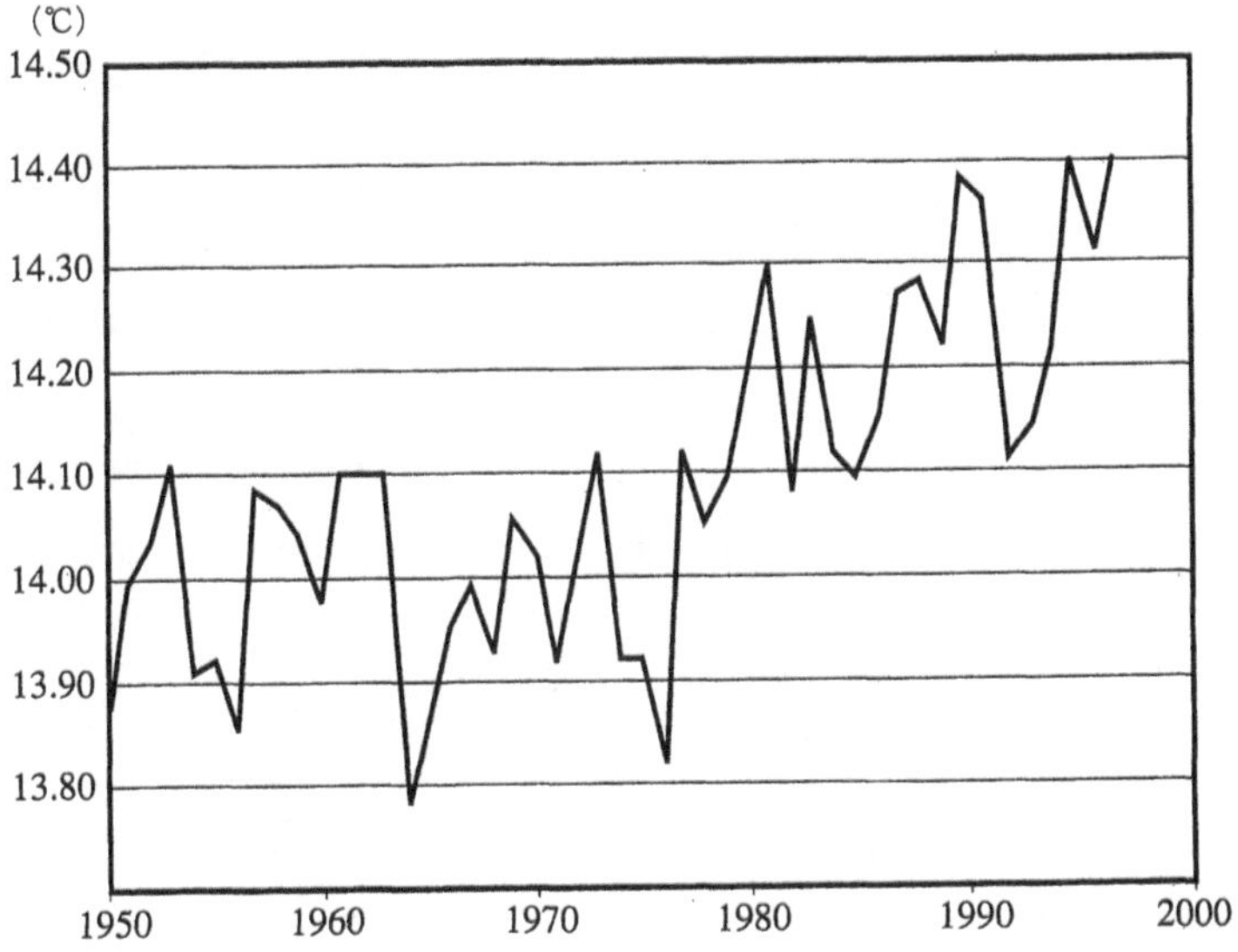

ワールドウォッチ研究所編纂

すでに、温室効果ガスに関連する現象はあちこちに見られる。たとえば、北極の氷が割れて溶け出しており、アルプスからアンデスまで世界中の山頂の氷河が後退しつつある。気温に敏感な珊瑚礁はストレスがかかって色が白っぽくなっており、季節が変わるタイミングもずれてきている。そして、世界をこれまでにないほど強烈な嵐が襲っている。

理論的にいえば、この温暖化が気候の自然な変動の範囲内で収まる可能性も少しはある。だからといって、その小さな可能性に賭けて、「温室効果ガスを排出し続けてもよい、もっと排出してもよい」とするのはあまりにも危険である。自然に強い回復力があるか、食糧や水は手に入るか、人間は健康でいられるか、世界経済は活発に発展するかは、すべて気候にかかっている。スタンフォード大学の気候科学者であるステファン・シュナイダーは、新書『地球という実験室（Laboratory Earth）』で、「このスピードで気候を変え続けることは、〝地球を賭けた決して負けられないギャンブル〟をしているようなものだ」と述べている。

二酸化炭素をみると、工業国から排出される量がずば抜けて多い。アメリカの人口は世界の約四％だが、地球全体の二五％の炭素を排出している。特にアジアやラテンアメリカの発展途上国の経済の多くが急激に発展していることから、今後何年間にもわたって炭素の排出は急増するだろう。

一九九七年一二月初めに世界中から京都に一九二ヵ国が集まって会議を開き、二酸化炭素など温室効果ガスの大気中濃度上昇に、どのように対処すべきかを決定しようとした。会議の最後の方は夜を徹して妥協点に向けての難しい交渉が行われ、工業国は二酸化炭素の排出を二〇一二年までに一九九〇年レベルから七％削減するという合意ができた（日本は六％）。この結果は、ＥＵが提案していた一五％をかなり下回るものの、アメリカや日本が当初提案または支持していた目標値よりはかなり高い数字である。現時点では、この京都議定書は世界各国の議会の承認が必要である。アメリカ議会が批准するかどうかはいくらか疑わしい。議定書には、地球全体の二酸化炭素排出の伸びを抑えるための、発展途上国側の約束が盛り込まれていないからである。議定書が批准されて国際条約になっても、実際には経済の勢いから二酸化炭素排出が増える方向にあるときに、排出を減らすという難題に、各国の政府は直面することになる。

最初に気候変動の大きな影響を受ける業界は、おそらく保険業界だろう。保険業界のリーダーたちは温室効果に多大な懸念を寄せている。海水の温度が、特に熱帯や亜熱帯で上昇すると、大気中に放出される熱が増え、嵐の原動力が増大し、その結果、強烈で破壊的

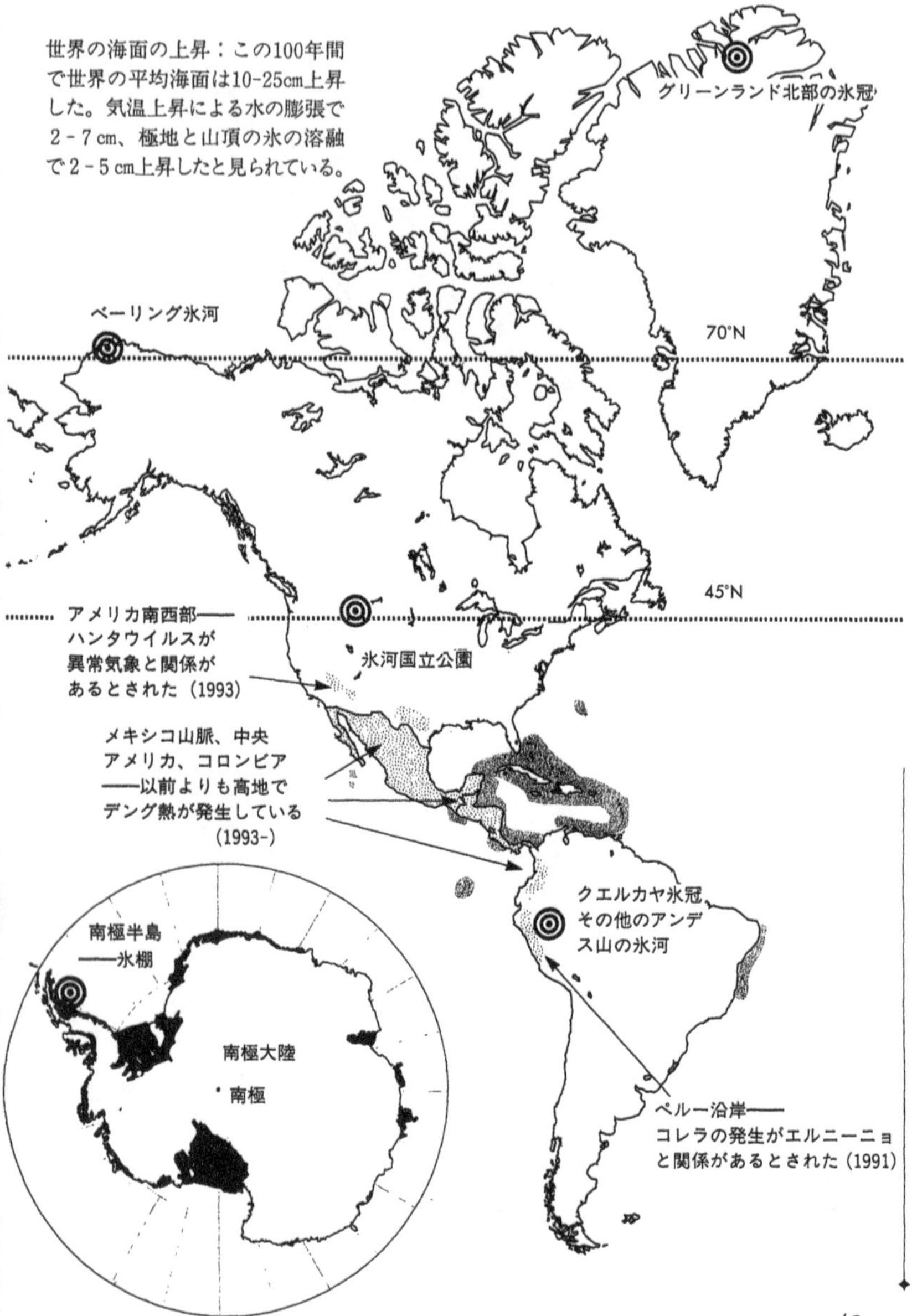
世界の海面の上昇：この100年間で世界の平均海面は10-25cm上昇した。気温上昇による水の膨張で2－7cm、極地と山頂の氷の溶融で2－5cm上昇したと見られている。
グリーンランド北部の氷冠
ベーリング氷河
70°N
45°N
アメリカ南西部――ハンタウイルスが異常気象と関係があるとされた（1993）
氷河国立公園
メキシコ山脈、中央アメリカ、コロンビア――以前よりも高地でデング熱が発生している（1993-）
クエルカヤ氷冠その他のアンデス山の氷河
南極半島――氷棚
南極大陸
南極
ペルー沿岸――コレラの発生がエルニーニョと関係があるとされた（1991）

＜気候変化の現れか？＞

地球は少なくとも西暦1400年から、徐々に暖かくなってきており（この100年間で0.3～0.6℃上昇した)、科学者は人間が起こした気候変化の重要な証拠を発見している。過去140年間にわたる長期的な気温変化の程度、時期、地理的パターンは、化石燃料の燃焼のような人間活動で放出されるガスの増加を予測したコンピュータ・モデルと一致し、温室効果の高まりによって起こると予想される変化が、地球全体や地域でますます顕著になってきている。この地図は、そのようなできごとのほんの数例を示したものだ。

な嵐がより頻繁に起こることになる。天候関連の保険の損害請求は、世界中で一九八〇年代には一〇年間で一七〇億ドルだったのが、一九九〇年代では今日までで、すでに六六〇億ドルに達している。このようにリスクが増えていることから、やや保守的な保険業界ですら、気候温暖化の潜在的な危険を認識するようになった。最近、世界の主要な保険会社約六〇社の経営者が、二酸化炭素の濃度の減少を政府に要求する声明書に調印した。生保業界は、政府に対して化石燃料業界の産出を減らすことを求めているわけだ。これは、ある主要業界が、他の主要業界の産出を減らすよう求める最初のケースである。

今なお二つの疑問にこだわっている疑い深い人もいる。気候は本当に変動しているのか？そして、二酸化炭素の排出増加は本当に大災害につながるのか？　このような疑問を呈することで、わざと人々を誤った方向に導いている。大多数の科学者は、気候変動がそれぞれの地域で具体的にどのような影響を及ぼすかが、正確にはほとんどわかっていないにもかかわらず、気候変動は実際に起こっているということで意見が一致しているのだ。したがってわれわれが問うべきは、「リスクについて何がわかっているのか」、そして「許容できないリスクをどのように避けられるか」である。

古代文明では、リスクにかかわる問いは占い師や予言者に委ねられていた。しかし、リスク管理を行うための近代的な分析ツールが使える今日、壊滅的な結果を引き起こしかねない気候変動へ向かって歩みつつある兆しを、すべて無視できようか？　ブリティッシュ・ペトロリアムやシェルなどの石油会社でさえ、この問いがいかに大切かを認識している。今や世界中の企業が、これまで人類が直面したことのない規模のリスク管理に、真剣に取り組まなくてはならない時期が来たのだ。

人類は猿からハンディを受け継いだのか

このように、どの側面を見ようと、今後いっそうの環境悪化が予測される。環境的に持続可能な経済システムを構築しようとするならば、エコロジーの原則を尊重するものでなくてはならない。持続可能性に関するエコロジーの原則は、きちんと確立されている。航空力学の基本原則を満たしていなければ、飛行機が飛べないのと同じように、エコロジーの基本原則を満たさなくては、経済も長続きはしないのである。

持続可能な経済システムを構築するために、満たすべき生態学的条件は単純明瞭である。

長期的にみて、炭素排出量は二酸化炭素固定量を超えることはできない。土壌侵食は、新しい土壌が自然のプロセスで形成される量を超えて収穫することはできない。森林産物は、森林が持続可能なやり方で供給する量を超えることはできない。植物や動物の絶滅種の数は、進化の過程で新しく生まれてくる種の数を超えることはできない。汲み上げる水の量は、帯水層が持続可能な形で再補給できる量を超えることはできない。漁獲高は、漁場の持続可能な収穫高を超えることはできない。しかし、このような生死に関わる重要な動向に関する詳細な情報が毎年新しく出され、問題に真剣に取り組み始めるための技術力は十分あるにもかかわらず、「すべきこと」と「実際の行動」の溝は年を追って広がる一方である。

「すべきこと」が果たしてどのくらいの規模なのか、問題がどのくらい切迫しているかを理解している人は少ない。「あれをしなくては」「これをしなくては」ということはわかっており、リサイクルや野生動物の保護も必要であることもわかっている人は多い。しかし、今求められている変革は、それ以上にもっと根底からひっくり返すような変革だ。地球上で最も知的に進化した種であるわれわれが、これほどはっきりした科学的なデータをたくさん持ちながら、まだ十分な行動をとれずにいるのはなぜなのだろう?

生態学者のポール・エアリッヒがかつて言ったように、われわれはある意味で進化上のハンディキャップを負っていて、緩やかに忍び寄ってくる脅威には効果的な対応はできないのかもしれない。進化の歴史を通じて、人間という種は明確な危険が身近にわっと現れることにはうまく対処できた。小枝が折れる音がするのは、猛獣が忍び寄ってきているのかもしれない。したがって、「ポキッ」と音が聞こえれば、アドレナリンのレベルは急上昇し、ただちに緊急行動がとれるのだ。しかし、地球全体の環境に「目にみえない」変化が徐々に起きているということになると、この事実をなかなかはっきりと理解できないようである。土壌の浸食や人口増加、帯水層の枯渇、種の減少などを突きつけられても、少しずつ悪化していく傾向に対応するようには、人間は進化的に作られていないのかもしれない。頭では情報を処理できる。どんな危険が迫りつつあるかを示すグラフは書けても、すぐに効果的な行動を取るかという点ではひどく遅れているのだ。

人間は目に見える切迫した問題には対応できても、目に見えない漸進的傾向には対応できないという「進化上の弱み」を対極から示す一例が、「オゾンホール」といわれる大気中のオゾン層枯渇の問題だ。この「オゾンホール」は、地球規模の環境問題の中で、われわれが最も適切な形で対応できた問題である。一九八七年にモントリオール議定書が出され、世界中でＣＦＣ（クロロフルオロカーボン）を中心としたガスの使用を制限し、最終的には撤廃することが決められた。この条約に関しては、多くの国が驚くようなスピードで交渉を進め、調印した。この議定書とその後の動きによって、ＣＦＣガスの使用は七七％削減されたのである。しかし、この見事な展開は、「オゾン層にあいた穴」に関して、実際に測定することができたために得られた結果だと思う。南極上の成層圏に本当に「穴」があいているのが見えるのだから。

ワールドウォッチ研究所では、この認識のハンディキャップを何とかしようと努力している。出版物や講演を通して、政治家やビジネスリーダー、また一般の人々が適切な対応がとれるように、この悪化の兆しをはっきりと目に見える形で示そうとしているのだ。人間のライフスタイルや経済活動、環境における変化がどう関連しているかを明らかにしようとしているのだ。決定的な問いは、「われわれはすでに持っている情報で十分な行動をとるだろうか。それとももっと悲惨な経験をしないと変わろうとしないのだろうか？」。

こう言い替えてもよい。「われわれは何をすべきかを知っているか？」。答えがイエスだとすると、「われわれは必要な変化を本当に起こしたいのだろうか？」と。本書では、最初の問いに対する答えを明らかにしていきたいと思っている。

確かにわれわれは何をすべきかがわかっている。そして、そのために必要な資金や技術も持っている。次の問い、つまり「われわれは必要な変化を本当に求めているのか」が、大きなネックになっているようだ。地球環境の悪化をくい止めるためにすべきことと、実際の行動とのギャップは年々広がる一方だ。この溝を狭め、傾向を逆転させ、世界経済が確かに持続できる方向へ足を踏み出すために、何があれば政治的な変化を起こすための一線を超えられるのだろうか？　世界中の環境大臣のほとんどが、現在のシステムを変えない限り、地球環境が悪化するだけでなく、経済も衰退してしまうことを知っている。しかし、変化に反対する既得権益の壁を乗り超えるのに必要な政治的支援がまだ十分にないのだ。

重要な問題の一つである気候温暖化に関しては、アメリカの炭坑会社からクウェート政府まで、石炭や石油の大企業が資金を出して、間違った情報を与える作戦が強力に進められている。つまり、化石燃料分野の既得権益グループが、一握りの科学者に潤沢な資金を提供し、地球温暖化の仮説を非難し国民を混乱させる報告書や声明書を、定期的に出させているのである。この「雇われエキスパート」を使うというやり方は、かつてたばこ業界がとった策略と非常によく似ている。たばこ業界は、医学専門家を使って喫煙と肺ガンの関係を否定しようとしたのだ。しかし、もはやこのようなやり方はもう使われていない。化石燃料エネルギー業界もそろそろ、このような情報操作をやめるべきではないだろうか？

エネルギー業界にも、この一年の間に大きな転換にとりかかった会社がある。最初がブリティッシュ・ペトロリアムで、一九九七年五月、太陽発電の分野で世界のトップに立つべく大規模な投資計画を発表した。スタンフォード大学で行った重要な講演の中で、ブリティッシュ・ペトロリアムの社長ジョン・ブラウンはこのように述べている。「気候変動を政策的にどうするかを考えるのは、温室効果ガスと気候変動の相関関係が決定的に証明されてからではない。その可能性が否定できずに、われわれも一員である社会の重要課題としてみられる時である。我が社ブリティッシュ・ペトロリアムは、その時点に達した」。ある環境運動家が述べているように、これは大きな石油会社にとっての大きな一歩であった。

石油業界で転換を見せた別の会社はシェルで、一九九七年一〇月、一〇年にわたって太陽発電に一〇億ドル以上を投資する計画を決定した。世界の大手石油会社の二社がこのような動きを見せていることは、これまで地球温暖化の存在すら否定している業界で、根本的な変化が起こりつつあることを示している。代替エネルギーに大きなビジネスチャンスを見出している会社もある。石油や石炭の生産量は、年にやっと一％か二％の伸びにすぎないのに対して、太陽電池は九〇年代に年に一五％の勢いで伸び、風力発電は年に二五％で伸びているように、このような業界が見出すチャンスの方がずっと大きいということがわかっているのだ。

そして、ブリティッシュ・ペトロリアムやシェルだけではない。最後の章で、いくつかの未来志向型企業を取り上げるが、そのような企業は環境「問題」をほとんど無限の可能性があるチャンスへと変えているのだ。持続可能なビジネスのやり方は、道義上罪悪感がなくなるだけでなく、企業の業績にも見事に跳ね返ってくるのである。

繰り返しになるが、今日われわれに必要なのは、根本的な変革を広範囲にわたって行うことである。だれでも、自分ができることを何百と数え上げることはできる。たとえば、食生活を変えるとか、エネルギーをもっと効率よく使うとか、リサイクルするとか、車の代わりに自転車を使うとか、子どもは二人（両親を世代交代で置き換えるのに必要な数）までにするとか。確かに個人でできることは無限にあるが、大切なのは「それだけでは十分ではない」ということだ。社会と経済の仕組み自体を変えなくてはならない。

経済を再構築することに手をこまねいていると、そのサポートシステムは悪化し、最後には経済の衰退に直面することになる。そして、全体の仕組みを変えるには、積極的に政治にかかわることが必要だ。個人であれ会社であれ、具体的な政党や党利に必ずしも結びつかない新しい政治活動を考える必要がある。エネルギー分野にも石油業界や自動車メーカーにも、強力な既得権益が存在している。これを乗り越えようとしなくてはならないし、積極的に政治にかかわらなくてはならない。そしてこのような問題を理解し、自ら対応しようとする政治リーダーを選ばなくてはならない。

われわれが本当に将来を心配し、子どもや孫の世代に持続可能な将来を残したいと思うなら、もっと積極的に活動する必要がある。政治であれ、ビジネスであれ、変化の担い手にならなくてはならない。われわれ一人ひとりが大きな役割を持っている。本書では、経済を持続可能な形へと導いていくために、われわれには実際に何ができるかを示したいと思う。

次の五つの章で、持続可能な経済を構築するために必要な五つのステップを取り上げ、説明する。その五つのステップとは、化石燃料から再生可能なエネルギーへ移行すること、循環型のリサイクル経済を構築すること、交通システムを再設計すること、人口と食糧のバランスを図ること、そして、できるだけ早く世界の人口を安定させることである。

II 新しい経済への五つのステップ

1. 新しいエネルギー源に転換する

近年、「リストラ」とか「リエンジニアリング」ということばが、経営者の間で流行っている。流行語は、流行らなくなるとことばの意味もあまり振り返られることもないが、日本でいう「リストラ」は、特別な意味合いを持つようになったようだ。「リストラ」と聞くと、「あ、人件費削減のために従業員をクビにすることね、まったくひどい経営戦略さ」と連想してしまうのではないだろうか？

しかし、「リストラ」の本来の意味は「再構築」である。そしてわれわれは今、まさに経済全体の根本的な再構築を迫られている。

この持続可能な経済を創るという膨大なリストラの中で、まず第一に取り組まなくてはならないのが、エネルギー経済の変革である。

われわれが今日直面している最も重要な課題は、人口と気候を安定させることであると前述した。では、その気候を気候変動によって経済がガタガタになってしまう前に、安定させるにはどうしたらよいか？　答えは、化石燃料（石油、石炭など）中心の経済から、太陽や水素エネルギーを主力とする経済へできるだけ早く転換することである。現在われわれを脅かしつつある「地球温暖化」は、約一〇〇年前に世界経済を一変したエネルギー革命に端を発している。このエネルギー革命以後、化石燃料、特に石油の消費量が急増した。世界の産業を拡大するための電力源として、化石燃料が主流となったのである。

この「最初の」エネルギー革命が作り出した問題を解決するには、「第二の」エネルギー革命が必要だ。この「第二の」エネルギー革命は、この数十年コンピュータや通信業界を大きく塗り替えた大変革と同じくらいの激変であり、多くの企業やビジネスに、同じくらい大きなチャンスを提供することは間違いない。一九八〇年代初め、情報通信セクターが嵐の前の静けさの中、ひそかに激動の時期に向かいつつあったように、今日はエネルギー業界に、ひたひたと大変革の波が押し寄せつつあるのである。

世界のエネルギー史の中で、一九九〇年代の後半は「暗黒時代」といえよう。石油消費量は、一九七〇年代後半の史上最高レベルに手が届きそうになっている。年に一〇％も需要が伸びている国もある。掘削技術の進歩に加えて、旧ソ連の崩壊によって新しい油田の発見が相次いだこともあり、しばらくは石油が深刻に不足することはなかろうと考えられている。石油だけではない。石炭の使用量をみても、今でも多くの国で増え続けており、二酸化炭素の排出レベルは年々高まる一方である。

「世界のエネルギー経済が根本的に変わるなんて、とてもありそうもない」と思う向きもあるかもしれないが、実際には、その動きはもうすでに始まっている。環境への関心が高まる一方、すばらしい新技術が次々に登場してきている。これらを背景に、われわれはすでにエネルギー革命の入口に立っているのだ。政府の奨励策と民間投資が強力なコンビネーションを組んでいるおかげで、前途有望な新技術がエネルギー業界になだれこみつつある。いったんこの技術革新が加速すれば、破竹の勢いで進んでいくだろう。何十年、何百年後、技術革新を研究する未来の歴史学者たちが、「一九九〇年代後半には、世界のエネルギー経済はすでに大規模な移行の途中にあった」ことを定説とする日がきっと来るだろう。

いくつか、その兆しを挙げてみよう。まず、世界の主要な石油会社の何社かが、すでに太陽エネルギーへの投資を決定していること。また、一九九七年京都で開かれた地球温暖化防止会議での宣言をみても、「地球温暖化は実際に起こっており、協調行動を取らなくてはならない」という合意が、ゆっくりではあるが着実に国際社会に形成されつつあることがわかる。第三の「兆し」は、世界のあちこちで風力発電が急速に伸びていることだ。一九九〇年代に最大の成長を遂げているエネルギー市場は、石油でも石炭でも天然ガスでもなく、風力発電である。一九九〇年以来、風力発電市場は何と四倍になっている。一九九六年だけを見てみても、風力発電量は二六％も伸びている。好対照なのが原子力発電で、こちらの伸びは年に一％にも満たない。そして石炭による火力発電も、世界全体でみれば一九九〇年代の増加率はゼロである。

数年前には今日のコンピュータやエレクトロニクスの状況など見当もつかなかったように、エネルギーの未来を予測することも不可能である。しかし、これまでとはまったく異なる「新しいエネルギー経済」の輪郭が次第に明らかになりつつある。最大の特徴は「分散化」である。コンピュータ業界が、近年メインフレームからパソコンへあっという間に移行したのと同様の、急速な「分散化」が第一のキーワードだ。これまでは大規模発電所で集中的に発電するしかなかったが、新しい技術を利用すると分散して発電ができるようになる。極端にいえば、各家庭でそれぞれ自家発電することすら可能なのだ。消費者は、これまでは地元の電力会社から電気を買うしかなかったわけだが、これからは自分の家で用いるエネルギー源を自分で選べるようになる。従来の発電所は大規模な資本集約型で、政府の管理下にあるが、それに比べ風や太陽といったエネルギー源は、分散化され、低コストで仕組みがわかりやすい。従来型に比べ、ずっと民主的なエネルギー源なのだ。そのうえ、太陽エネルギーや風力エネルギーを利用する新技術がどんどん登場しており、埋蔵量が限られているうえに二酸化炭素を吐き出すという石油や石炭ではなく、世界でも最も豊富でクリーンなエネルギー源を後押ししている。この方向へ進むことで、現行のエネルギーシステムが、地球の生態系に押しつけている負担を大きく減らすことができる。

根本的な変革がすでに始まっているといっても、「本当かな？」と思う人がほとんどだろう。というのも、現在のエネルギー経済の大部分は、七〇年以上前から本質的に変わっていないからだ。たとえば、大きな精油所や車の内燃エンジン、蒸気循環式の発電所などの装置は、だんだんと大型になり効率も改善されてきたものの、基本的には同じものがずっと使われてきている。とすると、専門家やアナリストが将来のエネルギーを考えるとき、「現在のシステムは何ら変わらず、ここを少し、あそこを少しと小さな改善が加えられていくだろう」――改善できることはどんどん些細なものになっていくが――と考えるのも無理はないのかもしれない。国際エネルギー機関（IEA）や世界エネルギー会議、多くの各国政府では、この偏った見方をベースに「将来のエネルギーシステムは、現行システムの効率を改善したものに過ぎない」と結論づけている。

人間には身近かで急激な変化には対応できても、漸新的な変化には対応できない「進化的弱み」があると書いたが、起こりつつあるエネルギー革命の輪郭を見ることができないのも、そのせいかもしれない。しかし、今日われわれは大きな転換点にいると、私は確信している。

革新的な新技術が次々と台頭するのと時を同じくして、消費者側は、よりクリーンな環境を求め、低コストのエネルギーを購入したいと考えている。同時に、世界中の多くの国々で、政府が独占してきたエネルギーセクターの「リストラ」や民営化が進んでいる。これらを背景に、過去に前例のない規模の変革の大波が押し寄せてきている。エネルギー業界の民間企業は、資源を持続可能なやり方で利用しないと生き残れないことがわかってきたからである。

今日利用できる再生可能なエネルギー源のほとんどが、実は太陽に由来している。太陽電池で発電する太陽エネルギーはいうまでもないが、風力や水力も、太陽の力から派生したものである。太陽は地表を温めるが、場所によって温まり方が違うために風が吹く。水力発電に必要な水が循環しているのも、太陽のおかげである。「お天道様」は、人間のエネルギー需要を満たして余りあるほど豊かなエネルギー源を提供してくれているのだ。技術を適切に組み合わせ、エネルギー効率を高めれば、太陽発電と風力発電だけで産業用及び住宅用電力を、すべて満たすことができる。今日水力発電は世界の電力の五分の一をまかなっているが、風力発電の可能性はその何倍もある。

風力こそ二十一世紀の成長産業

環境に配慮すると『ゼロ成長の政策』を取らざるを得なくなり、経済は衰退してしまうという声もあるが、近年の風力発電業界の発展ぶりを見れば、そんな心配など吹き飛んでしまう。世界の電力全体に占める風力発電の割合は、今でも一％以下だが、それでも風力発電業界のビジネス規模は年二〇億ドルで、年二五％の勢いで成長中である。一九九七年末時点で、設置されている風力発電容量は、七、六〇〇メガワットだ(図5)。風力発電は高い成長を誇る分野であるだけではなく、クリーンな電力をほとんど無限に生み出せる技術的にも進んだエネルギー源である。

二〇年間にわたる技術革新のおかげで、風力発電技術は大きな発展を見せている。今では、風力の発電コストは、最新式の石炭火力発電所と比べても同等かそれ以下であり、今なお下がり続けている。最新型の風力タービンは、昔の風車小屋でゆるやかに回っていた頃の郷愁を誘うものとは似ても似つかぬものだ。ハイテクを駆使したファイバーグラスのつややかなモデルで、ギア不要の変速機付き、最先端の電子制御で動く。大きなものになると、ブレードの翼長は五〇メートル以上にもなる。従来型の大規模発電所とは違って、風力タービンは、ラップトップコンピュータと同じくらいの頻度でモデルチェンジされ、次々と新モデルが市場に投入される。そしてラップトップコンピュータと同様に、小さな単位で使うことができる。最新モデルの風力タービンの一機あたりの発電量は三〇〇〜七五〇キロワット、典型的な石炭発電所の一、〇〇〇分の一である。

一九九〇年以来、数千機の風力タービンが一〇ヵ国以上のヨーロッパ諸国に設置されており、デンマークのように全国の電力の約七%を発電するまでになった国もある。今日アメリカのカリフォルニア州では、サンフランシスコの住宅地の電力需要をまかなえる電力を風力発電で得ている。もともとはアメリカとデンマークが風力発電の旗振り役だったが、今ではドイツとインドがはるかに先を行っている。インドだけではない。中国やブラジル、メキシコ、アルゼンチンなどの発展途上国も追いつこうとしている。これらの国々では、

図５　世界の風力発電容量
1980～97年

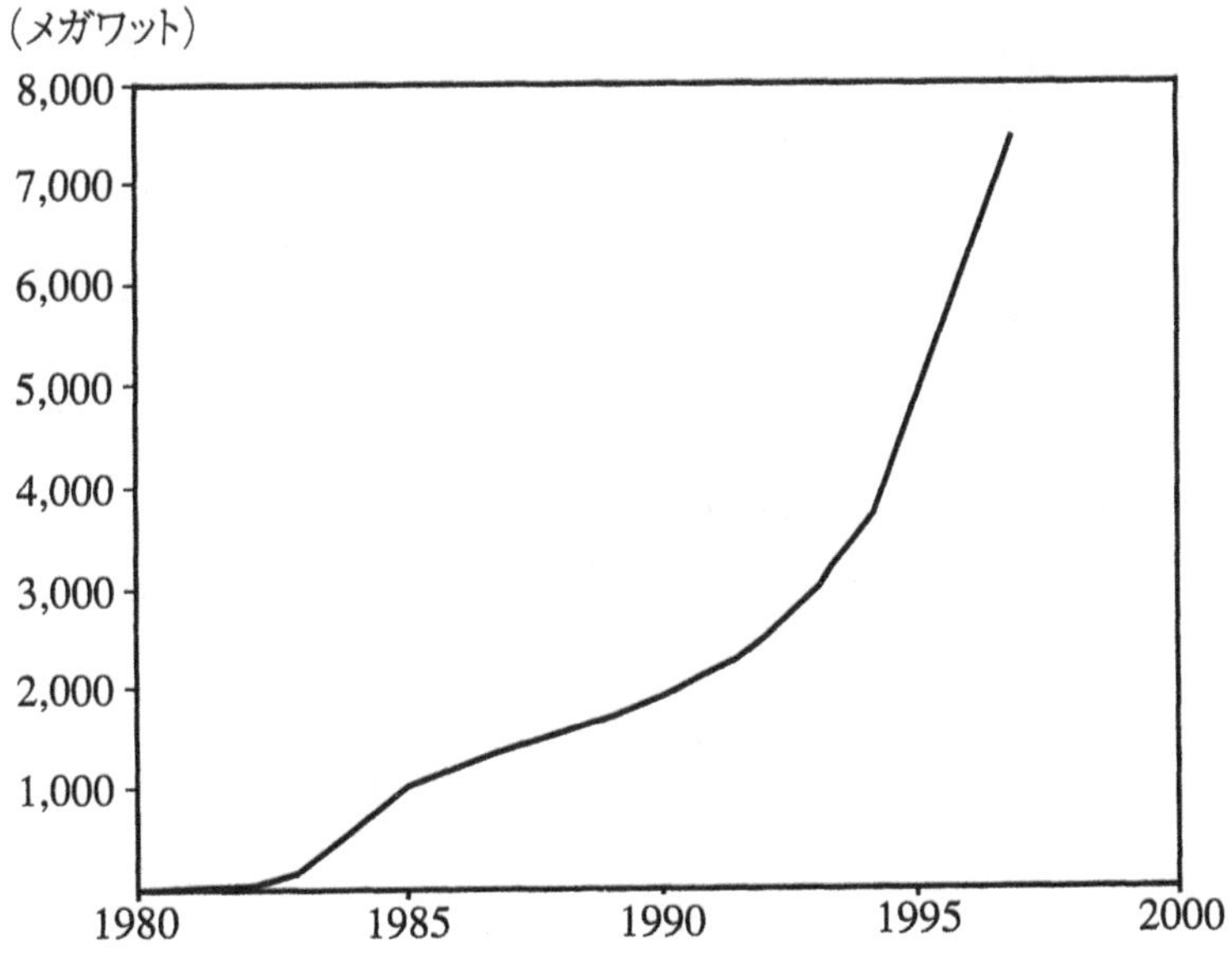

環境への配慮から風力発電への関心が深まっているという点ももちろんあるが、それよりも何よりも、不足している電力を何としても得なくては、という現実が強い推進力となっている。発展途上国は風力に恵まれている国が多い。クリーンな電力が求められていることや、今後の持続可能な発展を考えても、風力はこの上なく頼もしいエネルギー源だ。

新しいエネルギー経済を批判する人々——現行のエネルギー経済に利害関係を持つ多くの人々——は、「風力発電では十分な電力を提供できない」とよくいう。しかし実際のところ、風力の持つエネルギー潜在能力は膨大である。アメリカの風力資源調査によると、ノースダコダ、サウスダコダ、テキサスのわずか三州に吹く風を利用するだけで、アメリカ全土の電力需要を十分満たせるという。中国でも同様の風力資源調査が行われたが、風力を使えば現在の発電量を容易に倍増できるという結果が出た。ヨーロッパでも、英国とウェールズだけでヨーロッパの電力需要の半分をまかなうことができる。例を挙げればきりがないが、世界に膨大な風力エネルギーがあることは十分に明らかである。

風力発電には、もう一つ利点がある。風力タービンを設置した土地を、農業や放牧などの他の用途にも使える、という点だ。たとえば、カリフォルニア北部では、風力タービンが回っている下で、家畜が草をはんでいる。

一ヘクタールの畑で小麦が三トン生産できるとすると、その土地の価値は四五〇ドルくらいだろう。しかし、その同じ土地で風力発電を行えば、一万ドル分の電力を生み出すことができる。放牧地でも同様だ。四〇ドルの牛肉を産出する土地一ヘクタールで一万ドル分の発電ができるのだ。これまでどおり小麦や家畜を育てながら、さらにその土地を二重に利用して風力発電もできる。

先ほど述べたように、風力エネルギー利用の先導役は、かつてはアメリカやデンマークだった。しかし今日では、成長を続け前途有望な潜在力を持つ風力発電市場に、多くの国や企業が続々と参入している。たとえば、日本の商社トーメンは、一二億ドルの投資を計画中だ。今後五年間に、一、〇〇〇機の大型風力タービンをヨーロッパに設置するのだという。技術が進み生産コストが下がるにつれて、風力は主要な電力源になっていくだろう。成長を続けるアジア経済では、電力需要も伸び続ける。日本企業が、この展開をうまく利用する絶好のポジションにいることは間違いない。

太陽エネルギーの底知れぬ潜在力

風力発電に続いて成長の著しいエネルギー源は、太陽発電である。一九九七年だけでも、太陽電池の生産は四二％も増えたと推計されている(図6)。太陽電池とは、太陽光エネルギーを直接電力に変換するシリコンからなる半導体装置であり、今日電力の大部分を供給している機械式タービンや発電機など、費用がかかり環境的にも好ましくないものは一切必要としない。太陽発電技術が最初に商用化されたのは、衛星や宇宙ステーション向けのエネルギー源としてであったが、それ以来、電線が引かれていない地域——先進国の山奥の別荘や発展途上国の遠くの村々など——の電源として経済的にも見合うものになってきた。地域の真ん中に大きな発電所を建設し、そこから電気を送る送電網を築くコストを考えれば、発展途上国では、個々の家庭に直接太陽電池を設置する方が安く済むのである。

最近、屋根材そのものに太陽発電能力を持たせる光起電性屋根材の開発が実を結んだ。この屋根材は、新しく電気を引こうとする建物だけでなく、既存の電線から電力を得ている建物でも競争力を持ち始めている。日本は、太陽電池の生産で抜きん出ているが、建物

図 6　世界の太陽電池出荷量
1971～97年

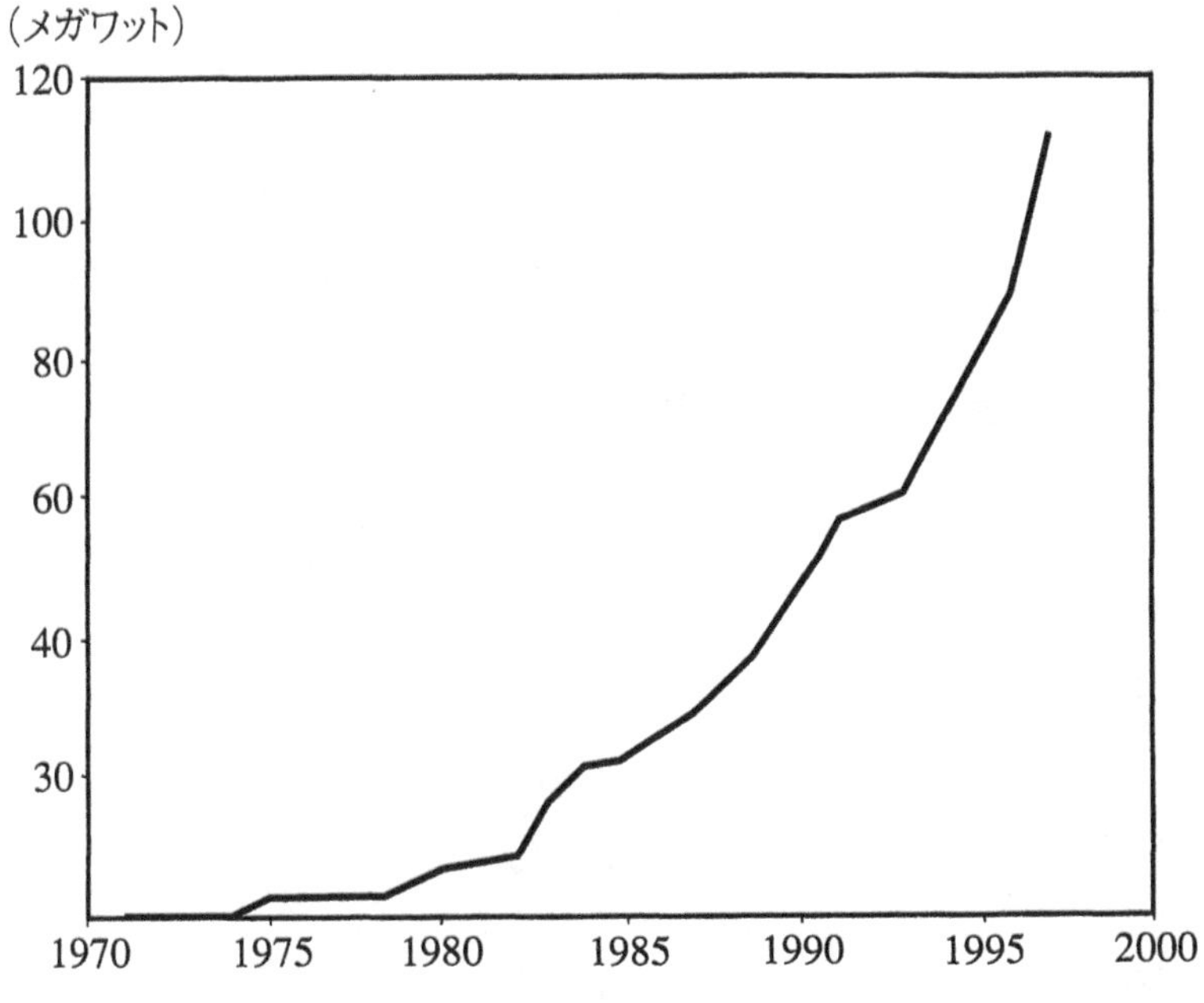

の屋根上に太陽発電システムを設置し、二〇一〇年までに、四、六〇〇メガワット——チリ一国分の電力に相当する——の発電能力を生み出す計画を発表した。この分野で日本に次いで第二位のアメリカは、まもなく「一〇〇万軒プログラム」を発表して後を追う予定である。二〇一〇年までに一〇〇万軒の屋根上に太陽パネルを設置することを目指している。ドイツやスイスでは、南側の窓に太陽電池を組み込む新しいオフィスビルが増えている。地元の電力会社との双方向メーターシステムによって、ビルの所有者は、発電量が多いときは電力会社に電気を売り、発電量が足りないときに買い戻すことができる。

今日太陽電池が生み出している電力の総量は、風力発電に比べたら微々たるものだ。しかし、この分野に参入する国——先進国も途上国も——や企業を後押しする多種多様のインセンティブがたくさんあるため、今後太陽エネルギーが急カーブで成長していくことは間違いない。風力発電と同様、太陽エネルギーを利用するための技術はすでに整っている。そして、さらなるグレードアップやスケールアップを目指して、今後も次々と技術改善が行われるだろう。最近日本が率先して太陽発電を推進する政治的決断を行ったが、このような政治面での動きが広まれば、太陽発電の潜在能力はすぐに実用化されるであろう。航空写真による調査から、「曇りがち」で悪名高いイギリス諸島でさえ、国中の屋根に太陽電池を設置すれば、明るい日には、六八、〇〇〇メガワットの発電ができることがわかる。これは、英国の現在のピーク時電力需要の約半分にあたる。

太陽電池で一ワットの電力を発電するには、いくらかかるのだろうか？　一九七〇年代には七〇ドルだった。今日では四ドルまで下がってきている。生産能力が拡大するにつれて、生産コストはさらに下落し、おそらくワットあたり一ドルまで下がるだろう。

そもそも太陽電池の生産のために、エネルギーをたくさん使うではないかという意見もあるが、これはどのような産業でも――農業ですら――いえることで、後に利益をあげるためには初期投資が必要である。そして将来、「太陽電池による、太陽電池のための」生産工場のシステムができれば、生産に必要なエネルギーは大幅に減るだろう。実際、そのとおりのことを実施している、ソーラレックスという太陽電池工場がアメリカのメリーランド州にある。ここでは、工場の屋根上に設置された太陽電池が、太陽電池の生産に必要な電力の大部分を供給している。

大企業の中で、太陽電池への投資は有望だと考え始めたところがある。ブリティッシュ・ペトロリアムやシェルのような大手石油会社が、太陽発電への投資という大きな一歩を踏み出したことは先に述べた。アメリカの大手天然ガス会社のエンロンもそうである。エンロンは石油会社のアムコと合弁事業を行い、太陽電池の生産に多大な投資を行っている。アメリカ最大の風力発電会社ゾンドとアメリカ第二の太陽電池メーカーのソーラレックスを買収して、再生可能エネルギーの分野に大きく踏み出したエンロンは、自社を「化石燃料エネルギー時代から太陽エネルギー時代への移行の中心」に位置づけている。

太陽や風力の場合、供給が断続的になってしまうという問題がついてまわるが、地熱エネルギーや水力発電などの再生可能エネルギー源なら、そのような問題は一切なく、間断なく利用できる。

地熱エネルギーの可能性

日本にとって非常に有望なエネルギー源の一つが、地熱エネルギーだ。地熱エネルギーは太陽に由来しない、極めてユニークなエネルギー源である。日本のように地熱に恵まれた国では、豊富なエネルギーが地表のすぐ近くに存在している。日本中に何千もの温泉があることを考えれば、このエネルギー源がどれほど豊富に地表近くにあるかがわかるだろう。問題は、この大きな地熱エネルギーをどのように環境を破壊せずに利用できるか、である。地熱は直接利用することもできるし、産業プロセスの中に取り込むこともできる。また、地熱で蒸気を発生させ、タービンを回して発電を行うこともできる。難しいのは、それを持続可能なやり方で行うことだ。つまり、基本的な流れとしては、地下から高温のお湯を組み上げてその熱を取り出し、水はもとの帯水層に戻してやらなくてはならない。この閉鎖循環システムでは、水中のすべての鉱物や塩分をもとの地下へ返してやることになる。地熱は、重力の圧力と地球の奥深くの放射能から発生する。おそらく永久に絶えることのない熱源だ。

地熱エネルギーを最初に利用したのは、一九〇四年、イタリアでのことだ。今では世界の二〇を超える国々で、地熱エネルギーが使用されている。たとえば、カリフォルニアの間欠泉地帯では、ボーリングをすることにより、穴から大量の高熱蒸気を地表に吹き出させてタービンを回し、発電ができる。地熱エネルギー源を積極的に利用しようとしている国々では、ニカラグアが二八%、フィリピンが二六%と、電力の少なからぬ部分をすでに地熱エネルギーから得ている。一九九六年には、地熱発電容量は世界全体で、約七、二〇〇メガワットとなった(図7)。しかし、このような国は例外的存在であり、世界的に見れば、このエネルギー源はほとんど利用されていないのが実状だ。日本にも国内の地熱を利

図 7　世界の地熱発電
1950〜96年

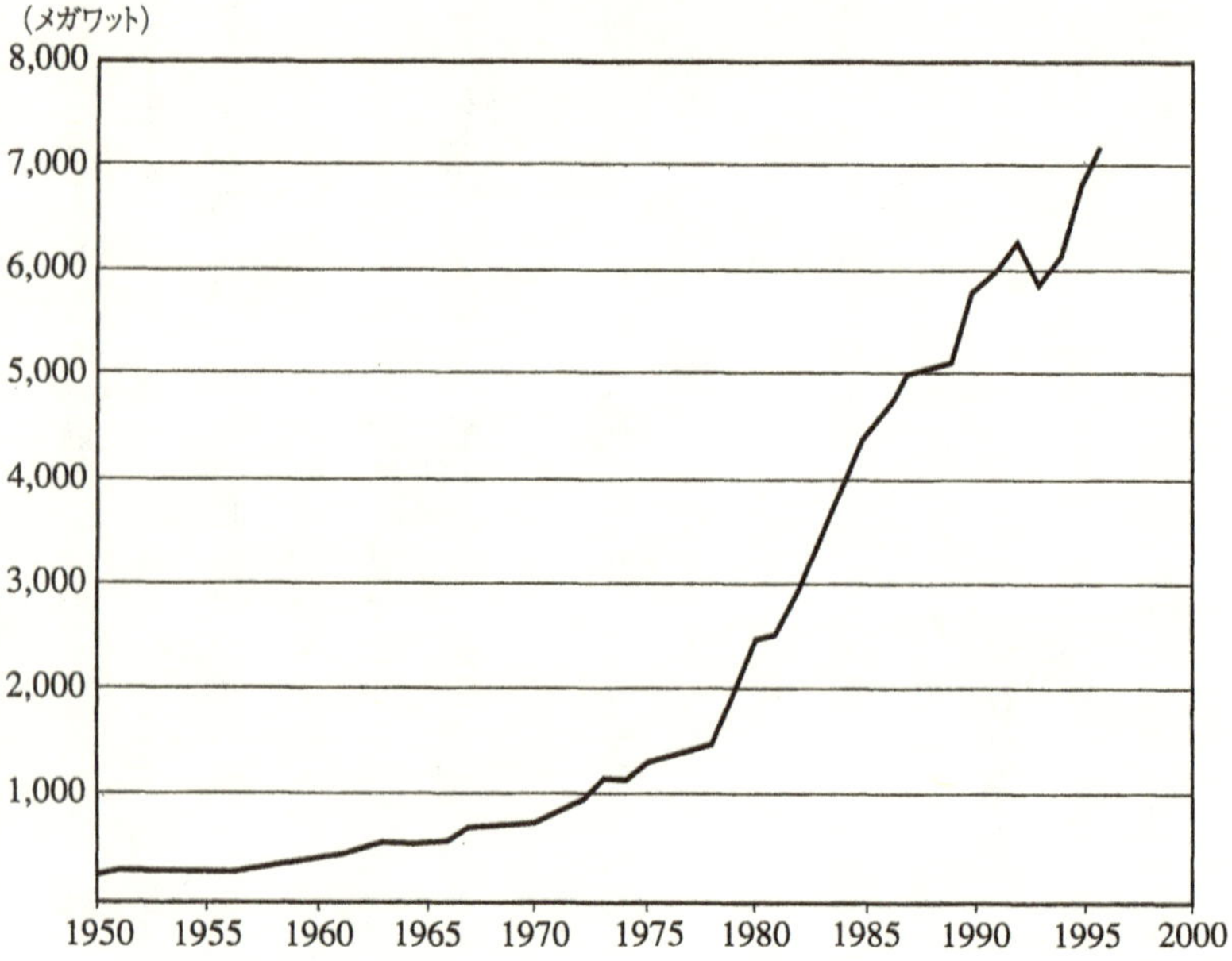

用すれば、現在日本にある原子力発電所の発電量の二倍以上を発電できると推定されているほど、豊かな地熱エネルギーが眠っている。

年に約一％程度しか伸びていない石炭や石油とは対照的に、地熱の利用は年に三％以上の勢いで増えている。環太平洋地帯や地中海を取り囲む国々、アフリカのグレイトリフト（世界最大の地溝帯）沿いの国々など、地熱に恵まれた国では、地熱エネルギーは豊かなエネルギー源になりうる。しかも炭素排出の心配は皆無なのである。

未来のエネルギー経済の姿

今日の化石燃料を中心とした経済に代わって、「太陽／水素エネルギー経済」が大きく発展するかどうかの鍵は、安価な電力で水の電気分解が経済的に行えるようになるかどうかにかかっている。水の分子は、電気分解されると水素と酸素になり、この水素は燃料として利用できる。水素は最もシンプルな燃料であり、石炭や石油と違って炭素を排出しない。風力や太陽、地熱エネルギーで発電をし、低コストでの水素生成が可能になれば、今日の天然ガスとほとんど同じやり方で水素を利用できるようになる。つまり、水素という形態で、様々な再生可能エネルギーを貯蔵・輸送できるようになるのである。

石炭の次に石油が主流になったように、石油に取って代わる次の主要燃料は水素である、というのがワールドウォッチ研究所の見方である。水素なら貯蔵もでき、必要なときに使えるので、風力発電と太陽発電を柱とするエネルギー経済を完璧にサポートできる。たとえば、マツダやメルセデスなどの自動車メーカーでは、すでに水素エンジンを用いる自動車のプロトタイプを開発している。水素を車のエンジンで燃やすと、酸素と結合して水蒸気となる。副産物として排出されるのは無害の水蒸気だけである。この汚染ゼロのエネルギー源が開発されれば、われわれが現在直面しているエネルギー問題のほとんどは、早晩解決できるだろう。コンピュータの電源であれ、車の燃料であれ、製鉄であれ、近代経済に必要なあらゆる形態のエネルギーを、電力と水素を組み合わせることで提供することができる。

それでは、風力や太陽、水素発電を中核とするエネルギー経済とは、どのようなものになるのだろうか？　まず、ほとんど「目につかない」ことが特徴だ。太陽発電用の屋根材は、通常の屋根材とほとんど区別がつかないし、水素を送るパイプラインも、現在の天然ガス用パイプラインと同様に地下に埋設されるだろう。今日デンマークやオランダ、ドイツ北部で見られるように、郊外の地域に風力タービンが点在する風景も見られるだろうが、大規模風力発電所や太陽発電所は、ほとんどが人里離れた場所や砂漠、海外線に沿って設置されるだろう。

そんなエネルギーシステムはロマンチックな夢物語に過ぎないさ、と思うかもしれない。でも考えてみてほしい。二〇年前にデスクトップやラップトップのコンピュータ、あるいはインターネットによるコミュニケーションの話を聞いたら？　そんなことはロマンチックな夢物語に過ぎないさ、と思ったに違いない。今日は情報化時代だといわれる。最先端の情報化経済の時代の原動力として、工業時代そのままの原始的なエネルギーシステムを使わなくてはならないとしたら、それこそおかしなことではないか。企業や政府の意思決定者たちが、エネルギー経済のリストラがどれほど重要であるか、そして炭素を出さないゼロ・エミッションのエネルギーシステムがどれほど経済的かつ実用的でありうるかを理解し始めれば、一〇〇年前に〝最初のエネルギー革命〟を行ったときと同じように奮い立って着手するだろう。

化石燃料を中心とした経済から、太陽／水素を電力源とする効率のよい経済へ移行していく中で、世界中に膨大な投資と雇用の機会が生まれる。このエネルギー経済の移行はい

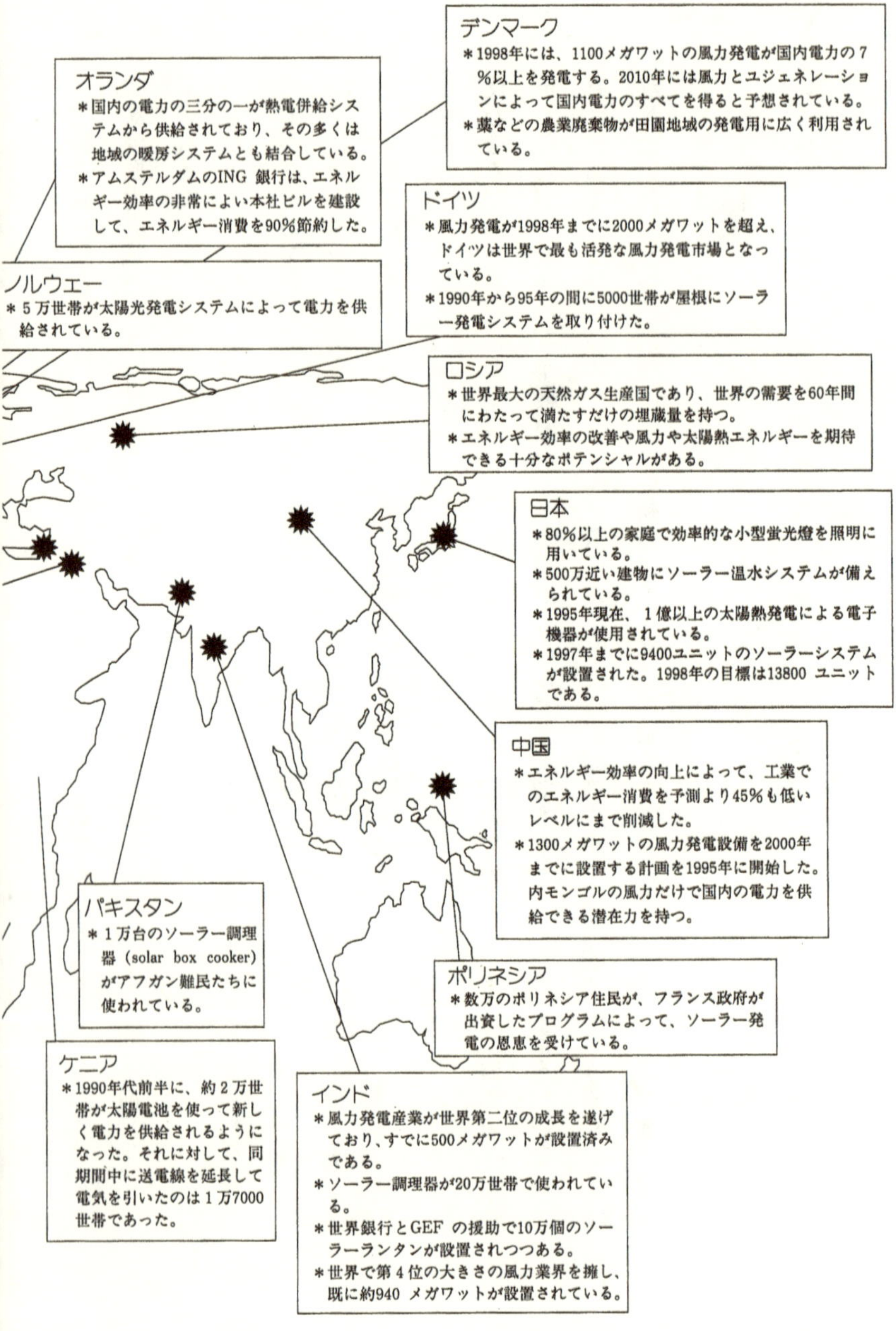
デンマーク
＊1998年には、1100メガワットの風力発電が国内電力の7％以上を発電する。2010年には風力とコジェネレーションによって国内電力のすべてを得ると予想されている。
＊藁などの農業廃棄物が田園地域の発電用に広く利用されている。
オランダ
＊国内の電力の三分の一が熱電併給システムから供給されており、その多くは地域の暖房システムとも結合している。
＊アムステルダムのING 銀行は、エネルギー効率の非常によい本社ビルを建設して、エネルギー消費を90％節約した。
ドイツ
＊風力発電が1998年までに2000メガワットを超え、ドイツは世界で最も活発な風力発電市場となっている。
＊1990年から95年の間に5000世帯が屋根にソーラー発電システムを取り付けた。
ノルウエー
＊5万世帯が太陽光発電システムによって電力を供給されている。
ロシア
＊世界最大の天然ガス生産国であり、世界の需要を60年間にわたって満たすだけの埋蔵量を持つ。
＊エネルギー効率の改善や風力や太陽熱エネルギーを期待できる十分なポテンシャルがある。
日本
＊80％以上の家庭で効率的な小型蛍光燈を照明に用いている。
＊500万近い建物にソーラー温水システムが備えられている。
＊1995年現在、1億以上の太陽熱発電による電子機器が使用されている。
＊1997年までに9400ユニットのソーラーシステムが設置された。1998年の目標は13800 ユニットである。
中国
＊エネルギー効率の向上によって、工業でのエネルギー消費を予測より45％も低いレベルにまで削減した。
＊1300メガワットの風力発電設備を2000年までに設置する計画を1995年に開始した。内モンゴルの風力だけで国内の電力を供給できる潜在力を持つ。
パキスタン
＊1万台のソーラー調理器 (solar box cooker) がアフガン難民たちに使われている。
ポリネシア
＊数万のポリネシア住民が、フランス政府が出資したプログラムによって、ソーラー発電の恩恵を受けている。
ケニア
＊1990年代前半に、約2万世帯が太陽電池を使って新しく電力を供給されるようになった。それに対して、同期間中に送電線を延長して電気を引いたのは1万7000世帯であった。
インド
＊風力発電産業が世界第二位の成長を遂げており、すでに500メガワットが設置済みである。
＊ソーラー調理器が20万世帯で使われている。
＊世界銀行とGEF の援助で10万個のソーラーランタンが設置されつつある。
＊世界で第4位の大きさの風力業界を擁し、既に約940 メガワットが設置されている。

Power Shift

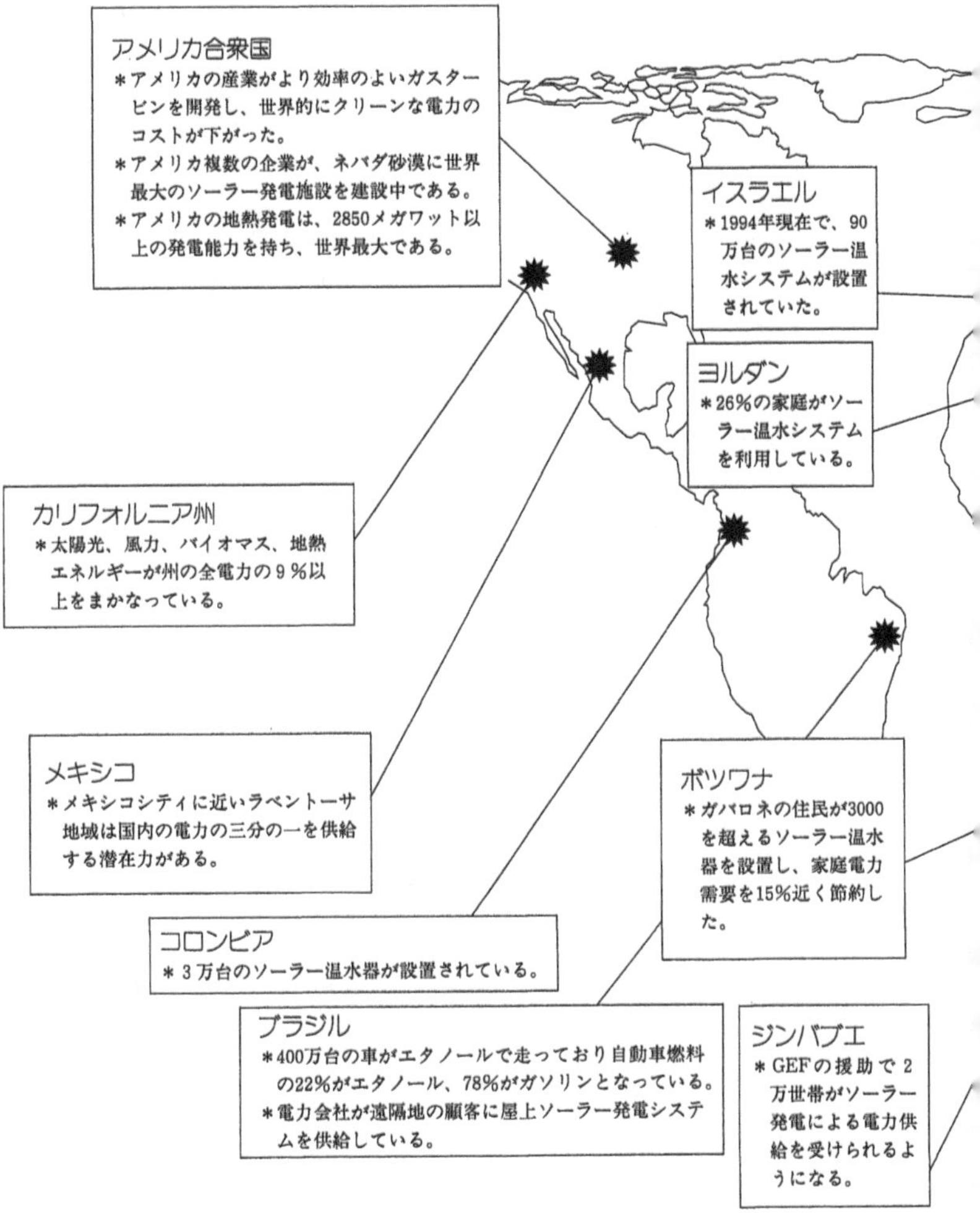

アメリカ合衆国
＊アメリカの産業がより効率のよいガスタービンを開発し、世界的にクリーンな電力のコストが下がった。
＊アメリカ複数の企業が、ネバダ砂漠に世界最大のソーラー発電施設を建設中である。
＊アメリカの地熱発電は、2850メガワット以上の発電能力を持ち、世界最大である。
イスラエル
＊1994年現在で、90万台のソーラー温水システムが設置されていた。
ヨルダン
＊26%の家庭がソーラー温水システムを利用している。
カリフォルニア州
＊太陽光、風力、バイオマス、地熱エネルギーが州の全電力の９%以上をまかなっている。
メキシコ
＊メキシコシティに近いラベントーサ地域は国内の電力の三分の一を供給する潜在力がある。
ボツワナ
＊ガバロネの住民が3000を超えるソーラー温水器を設置し、家庭電力需要を15%近く節約した。
コロンビア
＊３万台のソーラー温水器が設置されている。
ブラジル
＊400万台の車がエタノールで走っており自動車燃料の22%がエタノール、78%がガソリンとなっている。
＊電力会社が遠隔地の顧客に屋上ソーラー発電システムを供給している。
ジンバブエ
＊GEFの援助で２万世帯がソーラー発電による電力供給を受けられるようになる。

ずれ起こるかもしれないというようなものではない。もうすでに起こりつつあるのだ。問題は、エネルギー革命のあるやなしやではない。どのくらいのスピードで展開するかだけである。

2．リサイクル経済を創造する

環境を破壊しない持続可能な経済システムを構築しようとするなら、現在の使い捨て経済を、資源を「減らし(Reduce)／再利用し(Reuse)／リサイクル(Recycle)する経済」に変えていくことも、重要なステップの一つである。

高度な技術、多くの場合は化石燃料を原動力とする近代社会の様々な機械は、年々以前よりも多くの原材料を地球から取り出すことを可能にした。そのおかげで原材料の価格がどんどん下がり、使い捨て経済が成り立ってきた。しかし、このような産業が拡大するにつれて、支払わねばならない代償も増大の一途をたどっている。この半世紀の間、原材料を産み出さんがために、前代未聞の環境破壊が行われてきた。不幸なことに、豊かな国の都市に住む人々の目には、地球が被っているダメージはほとんど見えない。そして、人はともすると、直接見えないことにはあまり注意を払わないものである。

急速な産業化とともに台頭してきた消費者社会が、使い捨て経済を押し進めてきた。二〇世紀の中頃以降、北米から西欧、日本、発展途上国の富裕層へと消費文化が広がり、それに伴ってモノに対する膨大な需要が生じた。当然ながら、モノを生産するための材料に対する要求もとどまることがなかった。そして、消費の増大は経済発展に直結し、国と国民の繁栄に貢献するという考えに異論を唱える者はほとんどいなかった。

しかし、もうそろそろ「経済繁栄」と「物資の消費」を分けて考えるべきではないだろうか。使い捨て経済の問題は、いうまでもなく多くの汚染を生み出すことである。また、際限なく新しい原材料が必要になるので、際限なく鉱山を掘り森林を伐採し、自然を破壊する。そして、極めて多量のエネルギーを使うため、結果として大量の二酸化炭素を吐き出す。

かたや、リサイクル経済は、どうだろうか。明らかに地球への影響がはるかに少なくてすむのである。前章で述べたエネルギー革命と同じように、リサイクル経済への移行は、もうすでに着実に始まっている。この移行をなしとげるには、ビジネスや産業界のやり方を大変革する必要があるだけではなく、消費者の選択方法——何を食べ、どのように働き、どのように楽しみ、何を捨てるか——も大きく変えなくてはならない。この移行の出発点はごく当り前のところにある。今こそ自然に学べばよいのである。

自然から学ぶ

自然界に無駄なものは一つもない。簡単に言えば、ある生物の廃棄物は、別の生物の食物となる。あらゆるものが、互いを支え合って育まれているのである。極めて単純だが、実証済みの生態系の原則であり、われわれ人間はここから学ばなければならない。産業界や企業は、自然をまねた産業システムを作り出すべく取り組まなくてはならない。この新しい分野は「産業エコロジー」とよばれるが、経済システムを作り直して、廃棄物をゼロにすることを目指す。

われわれにとってこれは初めての試みだ。なぜなら廃棄物が大きな問題になったことなど、これまで一度もなかったからである。しかし、今や廃棄物の量が増えるに従って処理用の土地が足りなくなり、また廃棄物の性質が変わってきたために地下の水資源を汚染するようになってしまった。

資源を取り出し、短命のモノを作り、またすぐ捨ててしまう。このような経済システムは当然持続できない。特に、人口が増加し、富裕層も増える状況では、絶対に持続不可能である。オーソドックスなビジネスの観点から見ても、現在の化石燃料に依存した使い捨て経済はやはり健全ではない。『スモール・イズ・ビューティフル』を書いたE・F・シュマッハーが指摘したように、現在の使い捨て経済は、自らの資本を食いつぶしてやりくりをしている企業のようである。コンスタントに収入を得ずに、会社の資本が減少し続ければ、企業の存在や安定が危うくなることは、どんな企業リーダーでも承知しているはずだ。

もしわれわれが自然から学び、リサイクル経済へ早急に移行できれば、ヨーロッパや日本などの人口の安定した成熟経済では、現在すでに保有している鉄鋼、アルミ、ガラス、紙などの材料だけで、経済の大部分を回していくことができる。そうすると、自然からこれ以上資源を取り出す必要もほとんどない。アメリカの鉄鋼業界がその一例だ。アメリカの鉄鋼業界の大多数が、リサイクル原料を用いるハイテクの電気アーク炉を用いており、一九九六年に生産した鉄鋼の五五%が屑鉄から作られた。ちょっと想像の翼を広げてほしい。車が廃棄されると、溶かされてスープ缶になる。スープ缶が捨てられると、再び溶かして今度は冷蔵庫になる。冷蔵庫がくたびれて使えなくなると、自動車を作るための原料になる……。鉄鋼業界が、屑鉄を主原料として操業するようになれば、鉱石の採掘や輸送に伴う環境破壊を最小限に抑えると同時に、鉄鋼生産に必要なエネルギーを約六〇%も減らすことができる。

エネルギー革命によって、豊富な雇用やビジネスチャンスが生まれると主張してきたが、リサイクル経済も負けてはいない。たとえば私の生まれ故郷、アメリカのニュージャージー州をご紹介しよう。ニュージャージー州は、人口密度が高く、鉱山はいうに及ばず森林地帯さえほとんどないような州だが、そこに古紙のみを原料とする製紙工場が一三工場、主に屑鉄を原料とする製鉄所が八工場もある。製紙と製鉄を合わせると、そのビジネス規模は年に一〇億ドルを超え、州政府に雇用と豊かな税収をもたらしているのである。

固形廃棄物をリサイクルすべきか、焼却すべきか、埋め立てるべきか、と頭を悩ます地域や自治体にとって、雇用の点から最も優れた選択は明白だ。たとえば、一五万トンの廃棄物を処理するのに、リサイクルだと九八人分の雇用が生まれるが、焼却だと二人、埋め立ての場合はたったの一人である。包装の使用量を減らし、包装ゴミをリサイクルすることにかけては、ヨーロッパでドイツの右に出るものはない。一九九六年には、ドイツの全包装材——紙、プラスチック、ブリキ板、アルミなど——の何と八〇%がリサイクルされ、埋め立て地に対する負担を大幅に減らすことができている。この驚異的に高いリサイクル率は、ドイツの民間及び政府が率先して努力した成果であり、やる気さえあれば方法はあることを教えてくれる。

リサイクルか否かとか、ブリキ缶の代わりにガラス瓶を輸送するとコストはどのくらいかかるか、などを果てしなく論議している時間はもうない。新しい方法や新しいシステムに切り換えるには、一時的にコストはかかる。しかし全体的に見れば、リサイクルや再利用をしなかった場合のコストの方が、ずっと高くつくことは一目瞭然である。

ゼロエミッション——産業界のエコロジー

ある工場の破棄物が別の工場の原材料になるように生産システムを再構築するのも産業界が自然から学べる点だ。最近「産業エコロジー」とか「ゼロエミッション産業」と呼ばれるこのような科学は非常に盛んになってきている。

デンマークのカルンドボルグ工場地帯には、企業間で原料やエネルギーをやりとりするネットワークがある。そこにはいろいろな形の連鎖が見られる。たとえば、発電所で冷却水として使用したあとの温排水を、養殖会社が利用する。養殖場の沈澱物を近郊の農家に肥料として売る。発電所から出る灰は、セメントメーカーの原材料になる。製薬工場から出る余分な酵母は、近郊農家の豚が食べる。この循環型産業システムでは、ゴミはほとんど出ないし、参加している企業はみな得をしている。

このカルンドボルグ工場地帯では、大気汚染も、水質汚濁も、ゴミも減った。その一方で、企業の利益は増えている。参加企業は当初、エネルギーや原料をやりとりする輸送インフラに六万ドルを投資したが、収益とコスト節約からすでに倍の一二万ドルが生み出されている。

さまざまな国で、産業のゼロエミッションを目指す方法が研究されている。

東京にある国連大学での「ゼロエミッション研究イニシアティブ」（ＺＥＲＩ）は、ゼロエミッションという考え方に世間の注目を集める上で貢献している。一方、東京大学でのプロジェクトは、やはりゼロエミッションの分野で予算千二百万ドルの研究を行うというものであり、日本は排出削減に関する研究で世界のリーダーとなっている。

最後にもう一つ、ゼロエミッションへの取り組みの例を挙げよう。これは産業分野ではなく、農業分野での取り組みである。フィジーには「エコ農業プロジェクト」というプロジェクトがあり、六種類の産業を一つのネットワークで結ぼうとしている。もともとあるビール工場から出る廃棄物を利用して、健全な新しい企業が五つ生まれた。かつては頭痛

フィージーのエコファーミング

世界中のあちこちで興味深い産業エコロジーの実験が行われている。ひとつの実例が、東京にある国連大学が調整役となってフィージーで現在進められているエコファーミング・プロジェクトだ(図A参照)。

このプロジェクトを見ると、ゼロエミッションの原則にのっとった循環型産業システムが、廃棄物の減少と経済的産出の増加の両方を同時にかなえてくれることがわかる。

フィージーの首都スヴァにある恵まれない子どもたちのためのモントフォート学校では、地元のビール工場から出る廃棄物を用いて、5つの新しい産業を作り出している。ビール工場から出る汚泥は、かつては海洋投棄していたが、今ではこの男子学校に無料で提供されている。この栄養に富んだ汚泥を肥料として、数種類のマッシュルームが栽培されている。

マッシュルームが育つと残余物が出てくるが、これを少年たちが集め、飼料として鶏と豚にやっている。この家畜・家禽の汚物をバイオガス装置に入れると、分解してメタンガスを発生する。このメタンガスは学校の照明用に使われたり、ガスボンベに詰めて販売される。ガスを発生した残りの固形物は、脱水して少し処理すると、近くにある大きな養殖池の魚の素晴らしい餌になる。そして最後に、この有用な栄養素に満ちた養殖池の水面で、水耕栽培でイチゴやその他高価値野菜を栽培することができる。

こうすることで、かつては海洋投棄されていた単なる廃棄物が、今では5つもの新産業への投入物となっているのだ。これはエコファーミングのひとつの簡単な例でしかないかもしれないが、この原則はもっと規模の大きな産業システムにも適用できる。異なる産業をクラスター(グループ)にまとめることで、ある産業の廃棄物が他の産業の原材料となる「循環型産業システム」を構築することができるのである。

図A．フィジーの循環的生産システム

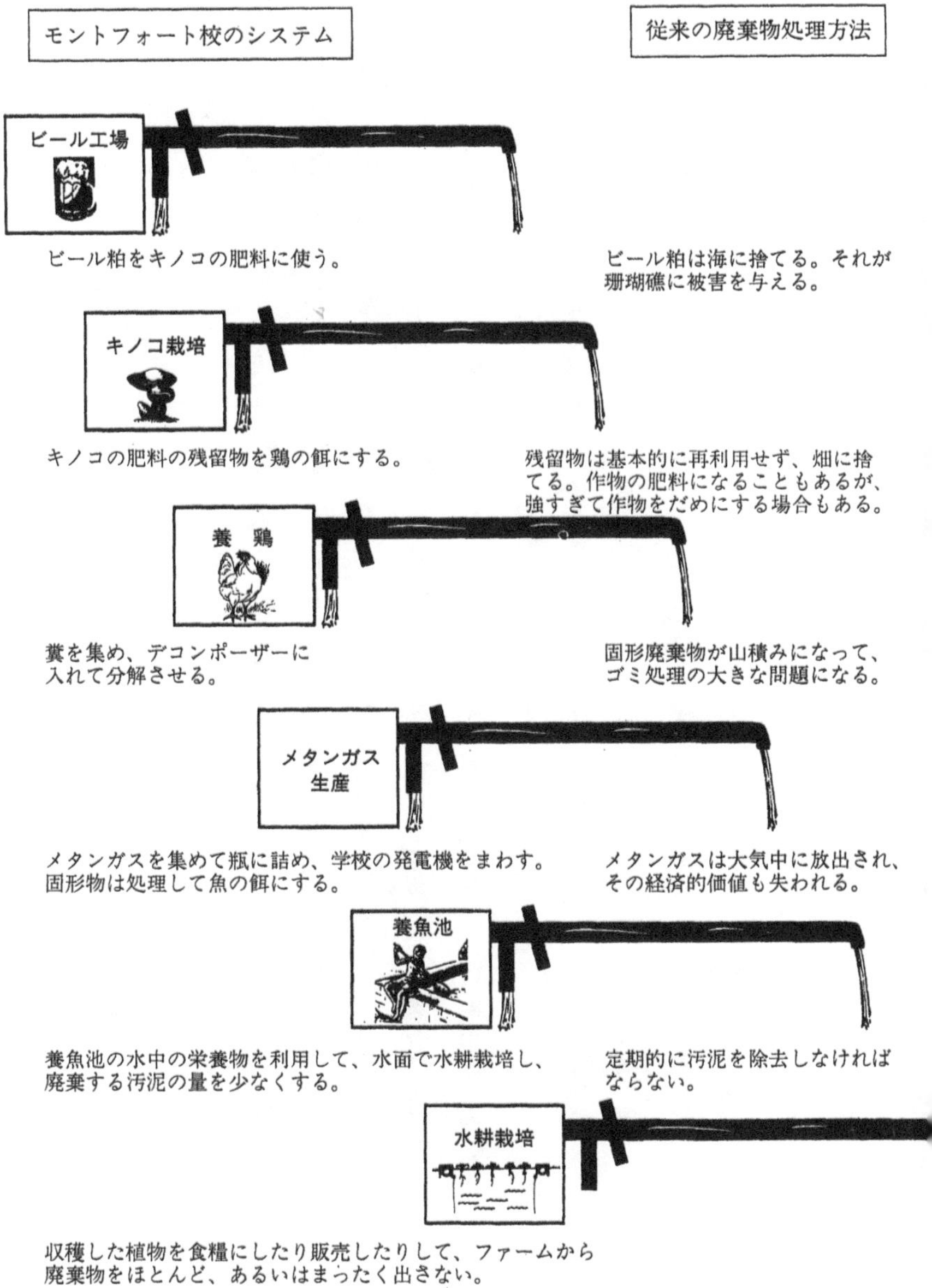
モントフォート校のシステム
従来の廃棄物処理方法
ビール工場
ビール粕をキノコの肥料に使う。
ビール粕は海に捨てる。それが珊瑚礁に被害を与える。
キノコ栽培
キノコの肥料の残留物を鶏の餌にする。
残留物は基本的に再利用せず、畑に捨てる。作物の肥料になることもあるが、強すぎて作物をだめにする場合もある。
養　鶏
糞を集め、デコンポーザーに入れて分解させる。
固形廃棄物が山積みになって、ゴミ処理の大きな問題になる。
メタンガス生産
メタンガスを集めて瓶に詰め、学校の発電機をまわす。固形物は処理して魚の餌にする。
メタンガスは大気中に放出され、その経済的価値も失われる。
養魚池
養魚池の水中の栄養物を利用して、水面で水耕栽培し、廃棄する汚泥の量を少なくする。
定期的に汚泥を除去しなければならない。
水耕栽培
収穫した植物を食糧にしたり販売したりして、ファームから廃棄物をほとんど、あるいはまったく出さない。

の種だったものが、今では新鮮なマッシュルームや鶏肉、魚、野菜を生み、そのうえ発電のための燃料にも使われている。

このようにさまざまな産業につながりを持たせ、工業と農業を結びつける方法は、無限にある。工夫し革新していく人間の創造力さえあれば、どのような形態の産業エコロジーでも生み出すことができよう。ここにもまたビジネスチャンスがある。そのため現在の産業システムを根底から変革させるだけの創意工夫が、少しずつ発揮されることを期待している。現状はそれぞれの産業がつながりを持たずバラバラに存在している。一夜のうちに産業のグループやネットワークを形成することは難しいが、来世紀の初めには産業をネットワーク式に結びつけることは、国の一般的な政策になるかもしれない。

水の浄化等に携わる日本の環境プラントメーカー、荏原の藤村社長は、「人が安全な水を使えるようにしておくには、最初から水を汚染しないことしかない」と主張している。荏原を初め、水浄化システムに関わる企業は、水の出口で技術的に水を浄化しようとするが、それでは安全な水を提供することができなくなってきているのが現状だ。何千種類という有害合成物が環境に放出されているため、水を浄化しようにも手に負えない状況なのである。藤村社長がいうには、ではどうしたらよいか。実現可能な方法はただ一つ、経済を設計し直すことしかない。

自然をまねたシステムを作れば、「あなたも得し、私も得する」という〝ウィン・ウィン〟の相互関係が生まれる。「片や損して…」ではなく、全員が得をするのだ。大気や水質の汚染が減り、ゴミも減り、そして利益だけが増えるのだ。

エネルギー効率を高める

人口密度の高い発展途上国が、環境を破壊することなく健全な経済を繁栄させようとするなら、リサイクル経済を追求するしかない。発展途上国が、経済発展のプレ工業社会から、中間段階を飛び越して直接ポスト工業社会へと移行できれば、いわゆる「工業化」に伴う膨大な資源の消費を減らすことができる。たとえば、何百万キロも電話線を引いたり電柱を立てたりするコストをかけることなく、最初から携帯電話に投資できる。遠くまで手紙を届ける郵便制度にたよらなくても、現代の技術を使えば電話線でファックスが送れる。そしてコンピュータ化に伴って、ファックスより電子メールが使われるようになれば、ファックス用紙さえいらなくなる。

同様に、発展途上国が「自動車段階」を飛び越して、「高度な公共鉄道網と自転車の利用を促進するシステム」に直接移行すれば、多大なエネルギーを使わずにすむ。この「飛び級」を実現するには、先進国からの豊かな援助が必要だろうが、このような技術段階の飛び級への援助であれば、政府開発援助（ODA）の対象としてもまさにぴったりである。援助を受ける国と同じくらいに援助供与国にも役立つものとなろう。

製品設計を根本的に考え直すことも、産業システム再構築への一歩である。近年、主要な自動車メーカーの多くが、車の再設計に取り組んでいるのは、注目に値するところである。廃車になったら簡単に分解して、ガラスやゴム、鉄鋼、プラスチックなどさまざまなリサイクル可能なものに分別できるように、車の設計自体から考え直しているのである。

包装減量のリーダー国、ドイツでは、製品の包装方法そのものを大きく変え、包装資材の量を激減させるとともに、リサイクル量を大幅に増やしている。米国ではどうか？　世界最大の商品先物市場であるシカゴの商品取引所では、今では、銅や鉄鋼、綿の原材料と並んで屑材の取引が行われている。

「どのようにしたら、より少ない原材料で経済目標を達成できるか」を、考え直さなければならない。たとえば、携帯電話なら衛星を使うため、膨大な金属（主に銅）を使う電話網のように、コストがかかり資源の必要なものを使わずにすむ。数百キログラムの衛星がひとつあれば、何百万キロメートルもの電線やケーブルを張り巡らせる必要はなくなる。「電話網」から「携帯電話」へ移行すれば、コミュニケーションのために必要な原料を大幅に減らすことができるのだ。

牛乳パックから自動車まで、ありとあらゆる工業製品の包装を再設計し、考え直すことも、ビジネス界が直面している課題の一つだ。リサイクルされた原料を回収し、再び経済に投じてやらなければ、真新しい資源への需要を減らすことはできない。そのためには、高度なリサイクルシステムはもちろん必要だが、産業製品の基本設計自体を変えなくてはならない。再利用のしやすさと原料の減量を考えて、たとえば飲料用容器のような製品を設計し直すということだ。

ここには二つの意味がある。まず、われわれの価値観や消費パターンを考え直す必要があるということ。そして、技術のレベルでは効率を大きく改善する必要があるということだ。環境破壊が進むにつれて、物資に関わる効率改善をますます急いで行う必要が出てきているが、工業国にとって、それは受け入れにくい変化なのかもしれない。二〇世紀後半の消費熱は、アメリカや日本のショッピング文化で明らかだが、これは、それに先立つ時期——一九三〇年代の大恐慌、第二次世界大戦前~大戦中~大戦後——に世界が経験した、窮乏の年月に対する反動によるところが大きい。豊かな工業国の国民からみれば、この数十年間の世界は資源に満ち満ちているし、企業は多くの物資を売買できることに力みなぎる思いなのだ。したがって、家電製品がちょっと故障したり、マイナーチェンジでも新型モデルが出れば、捨ててしまってもかまわないと皆が信じている。

けれども、原料を多く使うからといって、そのモノやサービスが消費者に一層役立つようになるかというと、必ずしもそうではない。逆に高効率・小消費経済に転換しようといっても、爪に灯をともすように節約せよ、コツコツとため込む文化に変えよ、ということではない。本当はずっと合理的な経済になるはずなのだ。企業は、効率を高めることで大きな節約ができ、商品設計者や都市建築家は、モノやサービスを消費者に届けるシステムを改善できるはずだ。われわれはずっと少ない原料で、はるかによい生活を享受できるのだ。

電球でも、食器洗い器でも、工業機械でも、比較的シンプルな新技術を利用するだけでエネルギー効率を何倍にも高めることができる。エネルギー効率が劇的に向上した一例が、新しい照明技術である。中でも最も効果的な例が、コンパクト蛍光電球だ。通常の白熱電球と同じ明るさで、電力は四分の一で済む。すでに世界中に五億個のコンパクト蛍光電球が設置されているが、これを全部いっぺんに使うとすると、二八、〇〇〇メガワットもの電力が節約できる。石炭を燃やす大規模火力発電所が、二八ヶ所も不要になる計算である。

このコンパクト蛍光電球の値段は通常の電球の数倍するが、結局こちらの方がずっと安くつく。電力をあまり使わず、平均寿命も長いからだ。一九八八年から一九九五年にかけて、コンパクト蛍光電球の生産量は世界全体で五倍に増えた(図8)。最近、この電球の生産のトップに躍り出たのが中国だ。石炭による火力発電所の建設をできるだけ減らそう、との考えである。

効率を上げることは、ほとんどの業界でも必要とされていることである。建設業でも製造業でもサービス業界でも、家庭への送電や家庭での電力使用でも、効率を一段と上げる必要がある。しかし、効率を高めるには、その方向へ導く税制やグリーンラベルのシステムが必要だろう。消費者を啓蒙して選ぶ眼を養ってもらうことも重要だ。また、製造仕様やメーカー側の責任を、ある程度規制することも必要だろう。

産業界の効率が悪くては、多大な無駄が生まれる。しかし、ここでも進捗が見られる。今日アメリカの企業は毎年、自社から出る廃棄物の量と種類の目録を公表しなくてはなら

図８　コンパクト蛍光電球の世界販売量

1988～97年

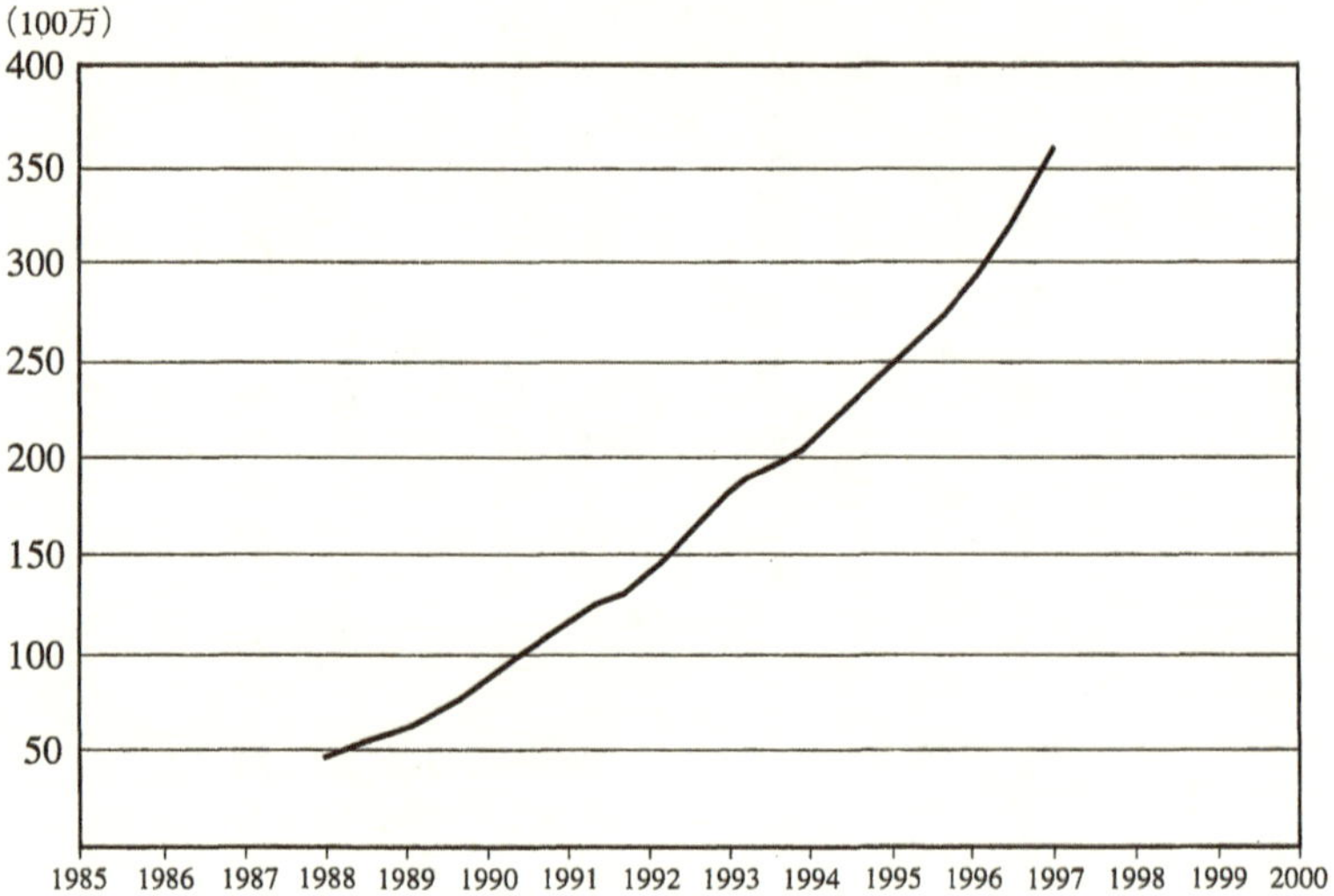

ない。大気中にせよ、水中にせよ、土壌にせよ、工場から出る廃棄物を明示しなくてはならないのだ。理論的には、だれでもこのようなデータをインターネットに載せることもできるし、閲覧することもできる。つまり、世界中の人々に見えるガラス張りのシステムなのである。

このように、自社が排出する廃棄物が目に見え、他人にも明らかにわかるようになると、会社はどうしたら廃棄物を減らせるかをすぐに考え始める。そのままでは企業として恥ずかしいからだ。多量のゴミや廃棄物を環境に吐き出している会社に勤めているとわかれば、社員も嫌に思うだろう。したがって、会社が廃棄物の減量に取り組み始めると、社員や経営陣は「自分たちは正しい方向に動いている」と逆に嬉しく思う。これは社員のモラルにも大きな影響がある。たとえば、「自分の会社は環境によくないことをやっている」と思っていたら、他の人と話し会ったり家族と夕食を囲んでいるときでさえ、内面にもやもやした思いを抱くだろう。これは健康な心理状態とはいえない。会社が質の高い社員を獲得し保持できるかどうかは、企業の環境方針にも左右されるのだ。

経済を再構築するためのあらゆるステップや手段に、大きなビジネスチャンスがあるように、この分野のビジネスチャンスも多大である。原料やモノの利用効率を高めれば、そのために必要なコストなどを軽く超える経済利益が得られる。地域社会は、汚染物質や廃棄物の量を減らすことができ、ただちによい結果が得られる。もう一つ、雇用機会の増加も大きな見返りとなろう。「どのようにしたら物質を効率的に利用できるか」が、世界的な緊急課題になれば、近年の通信革命と同じくらい新しい職業や会社、業界が次々と生まれるだろう。人間の発明の才と創造力さえあれば、無限のビジネス機会と成長が見込めるのだ。このエキサイティングな移行段階には、数知れないチャンスやニッチ市場(すき間市場)が、小回りの利く中小企業や起業家を待っている。

テクノロジーと価値観

さて、余分なものをそぎ落とし、効率のよいリサイクル経済を創造するには、よりよい技術を追究するだけで十分なのだろうか? それとも価値観や消費パターンを根本的に変えなくてはならないのだろうか? 答えは簡単明瞭、両方とも必要だ。技術と消費者の価値観や行動は、どちらも新しい経済を作り上げる重要なポイントとなる。

技術が万能でないのは確かだが、だからといって、技術を敬遠していては何も解決できないことも明らかだ。現代の技術を利用せずして、すでに五八億人を抱える世界に持続可能な経済システムを作り出すことはできまい。

最近よく「自然農業」とか「有機農業」ということばを聞くが、「自然」な農業など存在はない。本当に「自然」な食糧調達手段は、人類が数百万年にわたって行っていた「狩猟と採集」しかない。農業とは、完全に人工的なものなのだ。したがって、技術に「賛成」か「反対」かと問うても無意味である。問題は、環境的に持続可能なやり方で、すべての人々の基本ニーズを満たすためには、どのように技術を利用していくべきか、である。

現在享受している利便性をすべて捨て、時計の針を戻すように「自然に還れ」と唱える人々もいる。しかしこれでは、増え続ける世界人口と手に負えなくなった環境汚染問題は解決しない。地球環境の原則を、もう一度経済の計算や計画に取り入れるという意味では、「自然に還る」必要がある。しかし、これはどちらかというと、時計の針を進めるような先進的な考えだと私は思う。

しばらく前に、講演のためにボストンを訪れたときのことだ。私はその朝、会議場に向かう道に立って、向こう側に渡ろうとしていた。住宅地を走る道なのに、何列もの車が騒音を吐き出しながらすさまじい速さで走っていた。私はふと自問した。「これが、人間社会が最高に進化した姿なのだろうか?」と。そうではないと思いたい。もっといい社会は作れるはずだ。

3．自動車文化を見直す

この一〇〇年ほどの間、「自動車の時代」が続いてきた。しかし今日、エネルギー多量消費型の自動車中心の交通システムは、もはや無限の機動性という約束を果たせなくなってきている。エネルギー使用の面だけではなく、交通渋滞や労働力の使い方を見ても、効率が極めて悪いシステムとなっているのだ。

田舎社会であれば、自動車は確かに機動性を非常に高めてくれる。しかし、都市化が進むにつれて、車と都市は両立しないことが明らかになってきた。交通渋滞や大気汚染、騒音、道路や駐車場のために舗装されてしまった耕地などを見れば、この車と都市のぶつかり合いは明白だ。

例を挙げてみよう。ロンドン市内を走る車の速度はどのくらいだと思われるだろうか？何と一〇〇年前ロンドン辺りを走っていた馬車のスピードとほとんど変わらないのである。自動車や道路に巨額の投資をして、結局、馬車の速度しか出せないのだ。また、バンコクは世界でも最も交通渋滞のひどい都市のひとつだが、運転者は平均して年に四四日間、交通渋滞で動けない車の中に座っている計算になる。これは「機動性」ではなく、「非機動性」としか言えない。

都市と車は両立しないといわれても、「まさか」「ウソでしょう」と思う人は、世界の大都市を見てほしい。ニューヨークでも東京でも、その他の大都市でも、それこそ「まさか」ということが起きる。タクシーに乗って商談先か空港に向かっているとしよう。車の列は遅々として進まない。イライラが高じたあなたはタクシーを乗り捨てて歩き始める。すると、タクシーよりずっと早く目的地に着いてしまったりするのだ。この現実は受け入れ難いかもしれないが、これほど狭い地域に、人や企業が密集している状況下では、車はそれほど効率的な移動手段ではなくなっているのである。

実現不可能な夢―各家庭に車一台

自動車を中心に据えたアメリカ型経済モデルが世界標準だという古い考え方は、今や捨て去られようとしている。今日アメリカでは、世帯数よりも車の台数の方が多い。つまり、各家庭に一台どころではなく、二台も三台も所有しているのだ。たとえば、日曜日の午後には、家族のそれぞれが自分の車を運転して出かけていくという具合である。日本はアメリカほどの車文化ではないものの、それでも車を所有する世帯の割合は一九七〇年の二〇％からうなぎ登りで、今日では七〇％を上回るまでになっている。

三年前に中国政府は、今後二〇～三〇年の成長産業として、五業種を取り上げることを決定した。自動車産業、通信、石油化学、機械製造、建設である。この決定の発表後ほんの数ヵ月のうちに、北京の科学技術院の科学者が多数集まり、自動車産業推進に異議を唱える白書を出した。理由はいくつかあったが、第一の理由が土地不足だった。科学者たちは、国民に食糧を提供し、かつ自動車中心の交通システムを作るほどの土地は中国にはない、と主張した。高速道路や駐車場、給油所等の少なくとも一部は、耕地をつぶして作られることになるからである。

中国はすでに食糧自給に窮しており、史上例を見ないほどの大量の穀物を外国から輸入している。中国の面積は広しといえども、国民の大部分は、東岸から南岸に一、五〇〇キロメートルにわたって細長く伸びる土地に住んでいる。残りの国土は半乾燥地帯で、ほとんど人が住んでいない。今ですらごく狭い地帯に膨大な人口を詰め込んでいる人口密集地に、国中を駆けめぐる道路や高速道路、駐車場を作ろうとすれば、多くの耕地をつぶすしかないだろう。

耕地の喪失だけが理由ではない。石油の利用量を考えてみよう。中国が、各家庭に一台の自動車という目標を達成したとすると、一日に八、四〇〇万バレルの石油が必要となる。ところで、一九九六年の産油量を見てみると、世界中あわせても一日六、四〇〇万バレルだ。世界中で産出される石油を、すべて中国の車に注ぎこんでもまだ足りないのだ。このような懸念に対応する中で、中国政府の「何としても車を」という思い入れの度合いは減少してきたようだ。

中国だけの問題ではない。世界の他の地域はどうだろうか？　インドやインドネシア、ブラジルのような新興工業国が、家庭に一台という目標を持ったとしたら？

もう一つ、車から吐き出される二酸化炭素、その他の汚染物質を考えてみよう。今日の二酸化炭素排出量の五分の一が、交通輸送分野から吐き出されている。燃費が向上したとしても、世界中の家庭に一台ずつ車があったら、大気や土地資源にかかる圧力はすさまじいものになるだろう。

中国などの国々が抱える膨大な人口を考えれば、アメリカやヨーロッパ、日本で大成功

II 新しい経済への五つのステップ

える西洋型の産業発展モデルを、中国やその他の発展途上国が実現不可能である。発展途上国だけではない。長い目で見れば、工業国くことすら無理である。

しいマーケティング活動を展開した結果、自動車は世界のどこでも。車は、物質的成功や個人主義、自由を手に入れた印なのだ。自動動性を得ること」だが、自動車メーカーはそれ以上に、「車を所有すタス」を作り上げようとしてきた。それがどれほどうまくいっていることができる。日本でもインドでも、若い都会人の間では、高性が付いたジープやレンジ・ローバーが、かつてない人気を誇っていこれらの機能をすべて使って、でこぼこ山道を運転することなどめれでも、アウトドアのイメージを楽しみ、この車を所有することで」を手に入れられると思っているのだ。

格好いいよなあ」という魅力は確かに大きいが、そろそろ現実に向うか。今日明日の利益を得ようと、ピカピカときらめいて手招きすィングの向こうには何があるか、と。コンパクトカーを運転しようと、贅沢なセダンに乗ろうと、環境コストは現実に発生しているのだ。

一九八〇年代後半に、車がいっぱいあるアメリカと車がほとんどない当時のソ連で、通勤時間の比較調査が行われたが、差はほとんどなかった。ソ連国民は片道三〇分、歩くかバスに乗って通勤する。一方アメリカ人は、離れた郊外に住んでいるか、交通渋滞に巻き込まれるかで、車を使っていても結局同じ時間かかってしまうのだ。イライラするほどの長い通勤時間は自動車中心社会の大きな特徴だ。

健康面から見ても、自動車に問題があることは明らかだ。われわれの日常生活には運動する時間などなくなってしまったので、ジムに通ったりジョギングをしたり、生活の中にわざわざ運動する時間を取らなくてはならない。動かない自転車にまたがって三〇分間のエクササイズをするために、スポーツクラブまで車を運転していく人がどれほどたくさんいることだろう。何ともおかしなことだ。このようにいろいろな点から、自動車中心の文化が、地球規模で広がることは考えられないのだ。

自転車革命の始まり?

今日世界のあちこちの地方自治体――特に都市の自治体――が、もっと進んだ公共輸送システムを作り、自転車の利用を促進することで、自動車への依存を何とか減らそうと模索し始めている。実際、自転車は大いなるルネッサンスの真只中にあるといってもよい。都市の中を行き来するには、自転車の方が自動車よりずっと効率がよいからだ。自転車人気が再燃したのは一九七三年の石油ショックがきっかけだった。以来、自転車の生産台数は増加の一途をたどり、一九九七年には、世界の自転車生産台数は車の生産台数の三倍にも達している!(図9)

都市では、自転車は本当に理想的な交通手段である。快適な機動性を持ち、燃料といえば、漕ぐ人のお腹に入る食物ぐらいだ。昨秋、ワシントンDCの自宅近くの道角で、自転車に乗った勤務中の警官に出会った。私は、「パトカーではなく自転車を使う警官はどのくらいいるか」と尋ねた。「三〇人くらいかな」という答えだった。「今では、新規採用警官の訓練を受けにポリス・アカデミーに行く警官は、全員自転車をうまく乗りこなすことも教わるんですよ」と警官は付け加えた。

ワシントンでもどこの大都市でもそうだが、一一〇番がかかってきても、警察はなかなか迅速に対応することができない。ラッシュアワーで交通が渋滞していると、パトカーがサイレンを鳴らそうと、灯をグルグル点滅させようと、なかなかすぐに現場にたどり着くことができない。一方、自転車は車間をぬって走っていける。「自転車に乗っている方がずっと仕事が進みますよ」と、この警官はいった。「パトカーで勤務している警官よりたくさんの一一〇番に対応できるし。でも何より私が気に入っているのはね」と、横腹をぽんぽんとたたきながら、「一日中自転車に乗っているおかげで、カロリーをいっぱい消費できますからね、食べたいだけ食べられるってことですがね」。今ではアメリカの約二三〇都市に警察の自転車部隊があり、その数は増え続けている。

今日のヨーロッパの交通輸送に関する長期計画には、自転車が不可欠の交通手段として取り入れられている。たとえばコペンハーゲンでは、市が無料で自転車を貸してくれるので、自動車は不要だ。建物の外にある自転車棚から自転車を一台借りて、次の会合場所まで移動し、そこに自転車を置いておけばよい。会合が終われば、外に出て、また別の自転車を引き出して、次の会合に向かえばよいのだ。自転車は無料で借りられる。エクササイ

図９　世界の自転車と自動車の生産台数

1950〜96年

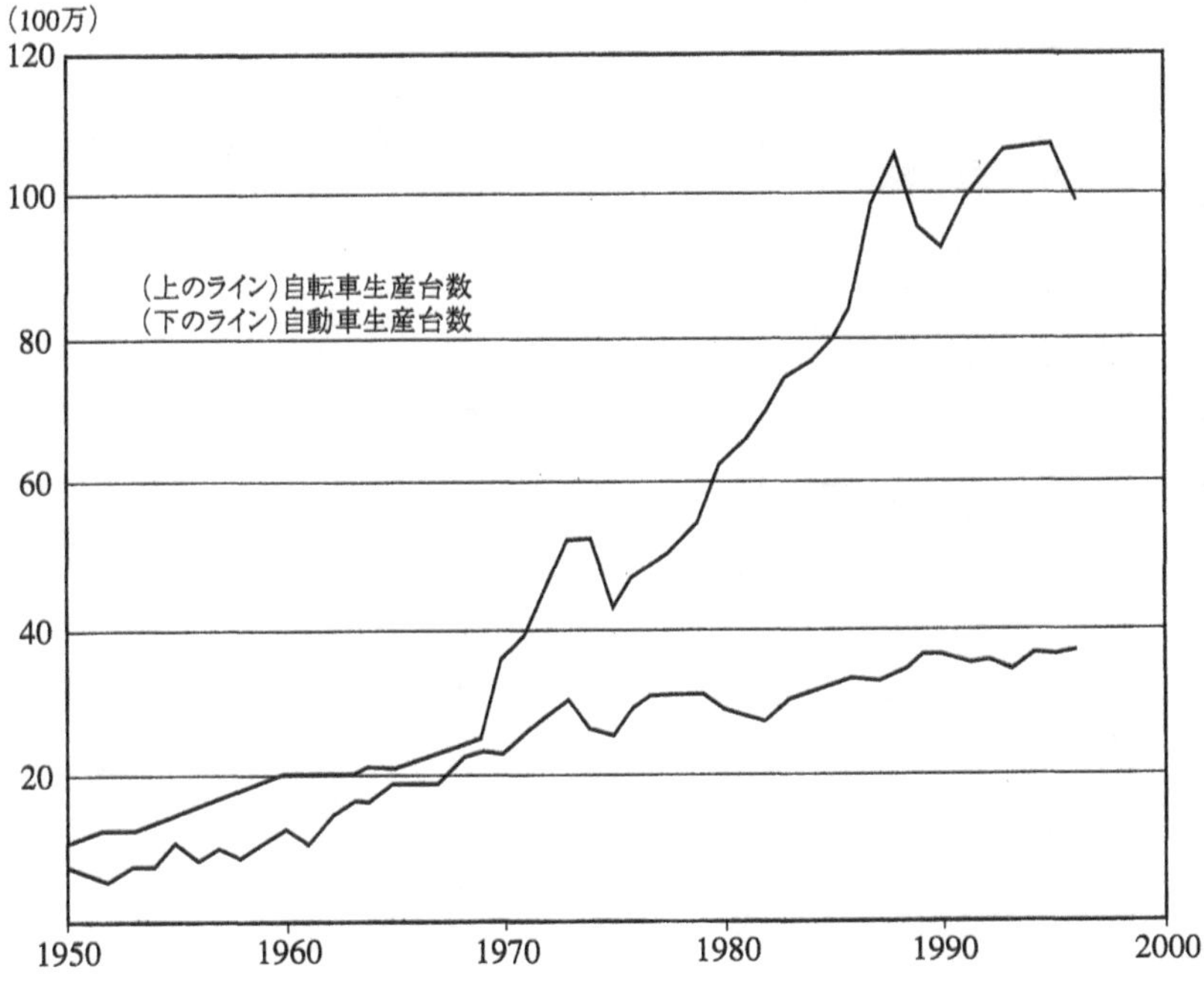

ズのおまけ付きである。将来に向けて必要なのは、このような考え方だ。

将来の交通輸送システムと都市の再生

都市で自動車の代わりになりうる効率的な交通輸送システムとは？　それは最新の鉄道交通システムを中心に据え、その他の公共輸送と自転車がそれをサポートするシステムだ。都市化は、アジアのみならず世界中で今後も加速するため、できるだけ早く都市交通システムを作り直すことは緊急課題である。将来の都市においては、交通システムの質が都市の生活の質を決めるだろう。

交通システムに対するビジョンとは、都市環境に対するビジョンである。また、交通システムを作り直すとは、都市そのものを作り直すということだ。交通システムを変えようとしている世界中の人々は、騒音や公害、無駄な自動車に悩まなくてすむ都市を心に描いている。車は必要でないから余り使われない。仕事や買い物は自宅の近くでできる。出かけるときは公共の乗り物を利用し、遠くへの旅行はだいたい鉄道を使う。

世界の中でも実際に、そのような方向に向かいつつある都市がいくつかある。深刻なスモッグ問題のせいで、そうせざるを得なくなっている例が多いが……。シンガポールやアテネ、メキシコシティでは、都市中央部での車の利用を制限しようとしている。フランスやイタリアの多くの都市では、町の中心地から完全に車を閉め出している。バンコクでは、一九九七年〜二〇〇一年まで新車の全面禁止を考えている。公共交通手段や自転車利用を奨励している都市もある。ブラジルのクリティバ市では、通勤者の七〇％がバスを使っており、コペンハーゲンでは三分の一が自転車通勤だ。ヨーロッパや日本の都市でも、自転車と公共交通機関をスムーズにつなぐ「自転車＆電車」プログラムを通じて、自転車利用を促しているところがある。

このような成功例に勇気づけられたペルーの首都リマでは、五一キロメートルにわたる自転車専用道路を作り、自転車が走れるように三五キロメートルの道路改修を進めている。リマでは、貧しい人々に対し、自転車購入用の二年ローンを、一七、〇〇〇件提供することも計画している。欧州連合（EU）では、産業セクターより交通輸送セクターで使用するエネルギーの方が多くなっているが、一九九六年の公式な交通輸送計画に、初めて自転車が盛り込まれた。

自動車に大きく依存している北米にも成功例はある。アメリカのポートランドやカナダのトロントでは、二〇年にわたって、車でなくバスや電車の利用を促す努力を続けてきた結果、大気の質がよくなり、都市が生き生きしてきた。日本の大都市は、非常に効率のよい地下鉄を多く使っていることで有名だ。また新幹線や特急、急行が主要都市を結び、ほとんど時刻表通りに運行されている。アメリカのカリフォルニア州では、都市から車を閉め出す方向ではなく、極めて厳しいゼロエミッション基準を設定する方向で先陣に立っている。二〇〇三年までに、同州で販売される車の一〇%は、有害排出物ゼロの車でなくてはならないと定めている。

ここに挙げた取り組みのそれぞれが、自動車に関する問題への対応であり、自動車に過度に依存しているシステムに代わろうとする、様々な先駆的な試みである。しかし、まだまだ安心はできない。都市化の進んだ社会と両立できる、ハイテク交通システムを作り出そうとするなら、もっと根本的な変革を行う必要があるし、乗り越えなくてはならない障害は今なお山積みである。

たとえば、様々な弊害があるにもかかわらず、自動車は今でもあるステイタスの象徴であり、発展途上国の裕福になってきた人々は「なぜ車を所有していけないわけ?」と思う。そして、工業国は身を持って示すこともせずに、他国に「自動車中心モデルがどんなに非現実的か」を説教することはできない。世界各国の自動車メーカーには、低排出レベルの車やハイブリッドカーへのニーズはあるだろう。しかし、公共交通機関をもっと使おうという方向に動いていくには、「環境にやさしい自動車」では本質的な手助けにはならないだろう。

残念なことに、今なお自動車中心の交通計画を考えている国や地域が多い。中国は、大規模な道路建設プロジェクトに資金を投入しており、公共交通機関プロジェクトを、最近キャンセルしてしまった。バンコクでは、公共交通機関は政府からの資金援助はまったくもらっていない。世界銀行も同じで、あまり役に立ちそうにない。世銀が融資している交通輸送プロジェクトのうち、六〇％が高速道路への融資である。このような政策をとり続けていると、世界の自動車台数は、このまま果てしなく増え続けてしまうだろう。

自動車中心の交通システムを、自転車や電車、あるいはバスへ代えていくということは、多くの人が考えているよりずっと過激な提案かもしれない。「発展とは何か」「進歩とは何か」を、根本的に定義し直さなくてはならないからだ。そして、「交通量はビジネス量の指標だ」「成功のご褒美はもちろん車である」という考え方に疑問を呈する人は、ほとんどいないからだ。それでも現行とはかなり異なる「開発」のイメージを育てていかなくてはならない。コミュニティの根幹には、スムーズに運行されている公共交通システムがあり、住民は自宅からそれほど遠くないところで仕事をし、通学し、レクリエーションができるというイメージだ。これこそ、真の先進社会ではないだろうか。それは、一、〇〇〇万もの人々が、騒音のすさまじい道路を公害にまみれながら、時速二〇キロメートルで地を這うように遅々としか動いていない渋滞の大都市といったイメージではない。

新しい自動車技術や交通技術の開発だけではなく、コミュニティの再設計にも斬新なアプローチが必要だ。これは、すでにインフラの大部分ができてしまった先進国にとっては大作業である。そうだとすると、発展途上国の方が実は有利なのかもしれない。まずバランスの取れた、持続可能な交通システムのモデルを考え、それに相応しいコミュニティを設計し、作っていくことができるからだ。

日本やアメリカのような国では、国民の声を上手にまとめ、強力な圧力を生み出さないかぎり、よりよい交通システムを作ろう、コミュニティを再設計しようという動きは生まれない。もちろん、適切な公共政策を取ることで、この動きを促進することができる。社会に対するコストをもっときちんと反映するよう、ガソリン税や車への課税を増やしたり、公共輸送機関を支援したりできる。しかしこのためには、消費者やユーザーであるわれわれが、「このように変えたいのだ」と声をあげなくてはならない。われわれがそれぞれ車を所有し、結果などお構いなしにどこへでも運転するというのでは、交通システムを作り直すことなど到底できない相談だ。第一章でも述べたが、われわれ一人ひとりが率先してあるべき姿を示していかなくてはならないし、政治的にも積極的に変化を求めていかなくてはならないということを、認識する必要がある。

そして何よりも、大きな構図でとらえなくてはならない。今、交通システムを作り直さなければ、経済を再構築して環境を破壊しない持続可能な社会を創ることも無理だろう。そして、持続可能な経済にならなければ、経済自体がぼろぼろと崩れ出すのも時間の問題なのである。

4.「食」の安全保障を図る

多くの発展途上国政府にとって、これまでの軍事安全保障よりも、食糧安全保障が新しく最大の頭痛の種になってきているのかもしれない。第一部で述べたように、世界の人口は毎年八、〇〇〇万人ずつ増えており、二〇五〇年には、九四億人に達すると予測されている。二〇世紀の後半五〇年間には三六億の人口が増加したが、二一世紀の最初の五〇年間には、さらに三三億増えるとの予測である。この五〇年と次の五〇年の違いは何かといえば、これからの五〇年間に増える人口はすべて、発展途上国に加わるということだ。

今からちょうど二〇〇年前の一七九八年に、トマス・ロバート・マルサスは、食糧と人口に関する有名なエッセイを書いている。彼は、食糧と人口の競争を取り上げ、食糧生産の伸びが人口増加の伸びについていくのは難しいだろうと述べた。それから二〇〇年後の今日、多くの発展途上国の政府が、今なおこの問題で苦労している。

先進国の国民は栄養過多で苦しんでいる。一方で、食べられずに苦しんでいる人々が多数存在する。近年飢饉の起こる回数は減ったとはいえ、世界の多くの人々が、現在でも飢餓すれすれかそれ以下で生活している。アフリカやアジアの、やせた土地に住む人々を中心とする約一〇億人が、やっとのことで一日一日を生き延びている自耕自給農民か貧しい都市生活者だ。このような人々が、何とか食いつなごうと死にものぐるいでもがく中で、知らず知らずのうちに環境が犠牲になってしまうことも多い。ゆきすぎた放牧で土地を傷つけたり、料理用のたきぎを集めているうちに森林がどんどん減っていったりする。この飢えた一〇億人は、明らかに食べ物が不足しているのだ。急いで人口を安定させないと、お腹をすかせた人の数はどんどん増え続ける。そうすると、栄養失調が蔓延するとともに、食糧を求めてこれまで以上に多くの森林を切ることになってしまうだろう。

全体像を見ずに、明日の食糧は確保できない

世界銀行と国連の食糧農業機関（ＦＡＯ）が出している食糧生産に関する公式予測を見ると、食糧生産能力は今後も過剰であり、穀物価格は下落し続けるだろうと書いてある。しかしながら、この予測は非常に狭い知識をもとに立てられており、誤解を与えるもので

ある。食糧生産の公式予測が甘すぎるがために、政治のリーダーや経済企画担当者は、「食糧安全保障は大丈夫なのだ」と誤って思いこんでしまう。その結果、農業や家族計画に十分な資金を投入せず、その大きなツケは将来の世代に回りかねない。

世銀とFAOが出した二〇一〇年までの公式予測値は、細部は多少異なるものの、ほとんど同じだ。どちらの予測も過去の傾向をそのまま将来にまっすぐ伸ばしたもので、二〇一〇年まで世界には農業生産力は余っており、小麦やコメその他の穀物の価格は下落し続けるとしている。しかしどちらも、食糧生産の伸びに歯止めをかける要因が出てきていることを、ほとんど考えに入れていない。それは、肥料を増やしても反応が鈍くなってきていることや、水不足、深刻な土壌侵食、地球の気温上昇の破壊的影響など、第一部で説明した諸傾向である。食糧価格に関しては、世銀とFAOの予測は、現実からまったく離れてしまっている。確かに、穀物価格はこの五〇年間下落してきた。しかし、世界の主要穀物の一つである小麦の価格は、この三年間に三九％も値上がりしているのが現実だ。コメやトウモロコシの価格も上昇し始めており、長らく続いたこれまでの傾向が逆転し始めているのだ。

中国のような大国が穀物を大量に輸入するようになるにつれ、食糧経済の供給側に対する負担がますます重くなってきている。実際には、世界最大の穀物生産国である中国は今、工業化に伴う多大な耕地の喪失に苦しんでいる。公式の数字によると、中国では推計一億二、〇〇〇万人の労働者が農村を離れ、都市に流れ込んでいる。政府では、この一億二、〇〇〇万人を、最終的には工業セクターで採用しようと考えている。中国の工場での平均従業員数は約一〇〇人だ。つまり、一億二、〇〇〇万人を工業セクターで雇おうとすると、一〇〇万もの工場を新しく建てなくてはならないのだ! このうち、多くの工場は耕地をつぶして建設せざるを得ない。

インドの場合はどうか? 今後二〇~三〇年で約六億の人口増加が予測されている国だ。現在抱える人口九億八、八〇〇万人に、日本の人口の五倍近くが加わるということになる。この六億人の住む場所を考えただけでも、約七、五〇〇万の住宅を建てなくてはならない。村に家を建てようと、都市部にアパートを建てようと、必要なだけの住宅を用意するには、広大な面積の肥沃な農地をつぶすことは避けられない。

耕地が減っていく原因は、産業の発展だけではない。土壌侵食も大きな原因である。最もドラマチックな例がカザフスタンだ。カザフスタンは中央アジアで最大の穀物生産国で、旧ソ連が行った劇的な農業生産拡大の舞台となった。旧ソ連及び中央アジアの穀倉地帯だったのだ。しかし、旧ソ連時代に農業が拡大された地域は、ほとんどが耕地として使えるかどうかという土地だった。そのような土地を耕作した結果、風による侵食が起こり、土地の過剰利用もあいまって生産性が急落し、ほとんどの土地は使いものにならなくなってしまった。カザフスタンは一九八〇年以来、耕地の約三分の一を失っており、二〇〇〇年までには、耕地面積は約半分になってしまうだろうと予測されている。たった二〇年の間に、二、六〇〇万ヘクタールから一、三〇〇万ヘクタールへ、耕地が半減してしまうのだ(図10)。かつてはオーストラリアをしのぐ穀物の輸出国だったのが、じきに自国の需要さえ満たせなくなってしまうかもしれない。

ブラジルやインドネシアの離島など、耕地面積の増加している国も二〜三あるものの、このように最近耕作を始めた土地は、生産性があまり高くなく、かろうじて耕作できるという土地がほとんどだ。世界には、使われずに眠っている肥沃な土地などほとんどないのが実情である。肥沃な土地はすでに耕作に回されている。それでも、世界の穀物備蓄量は史上最低レベルであり、たった一度でも不作が起これば、世界の穀物市場はたちまち混乱に陥りかねない。

世界のどこを見ても、都市化と工業化が進むにつれて、水の需要が増大している。その

図 10　カザフスタンの穀物栽培面積
1960～97年

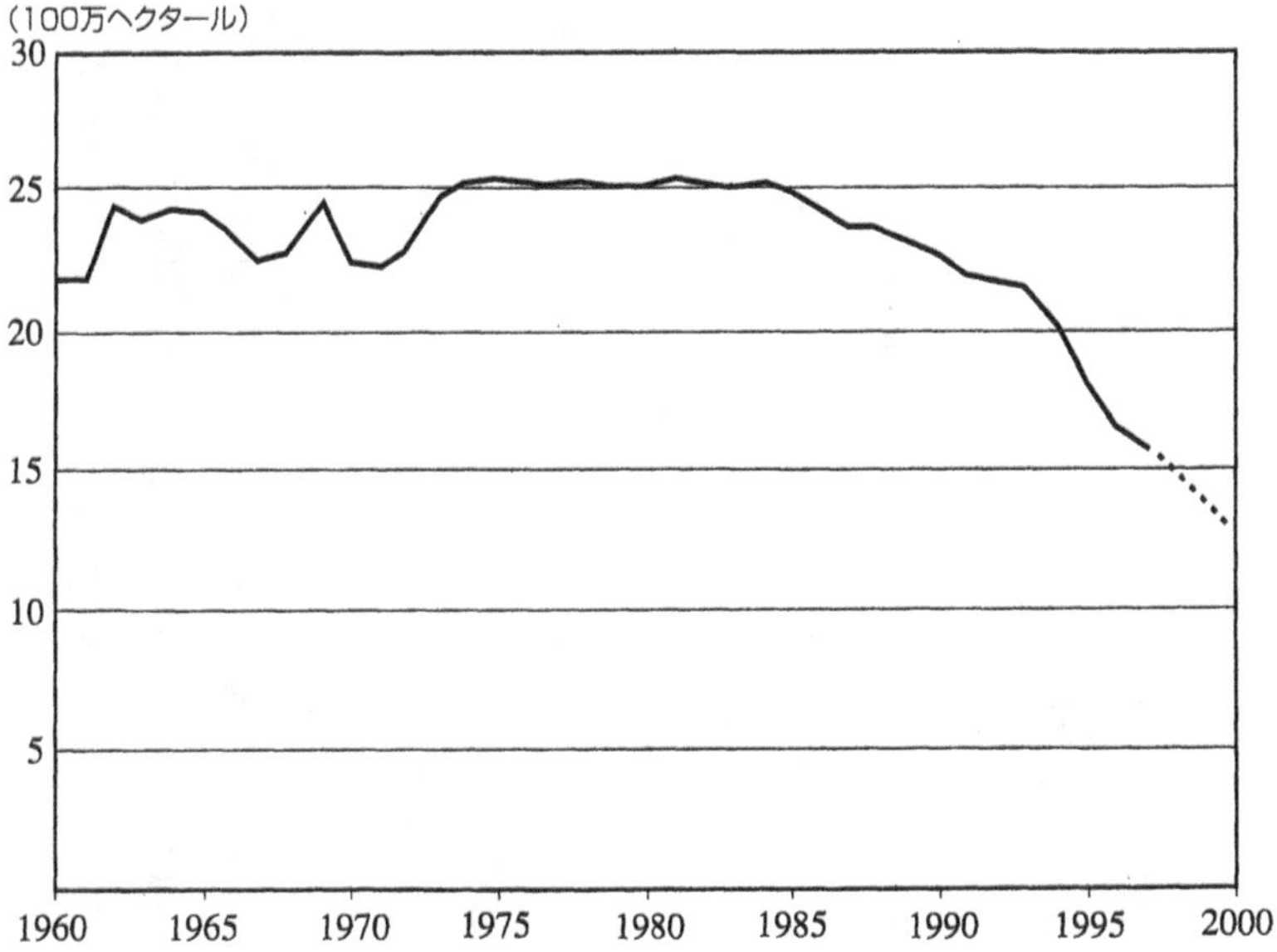

結果、ますます不足する水資源を巡って、都市と農村が争いを繰り広げることになる。都市は工業用水と住宅用水を切望し、農村は灌漑用水を必要とする。しかしこの勝負、勝つのはほとんど例外なく都市だ。そして、農村の灌漑面積が減るにつれて、食糧生産も減っていく。

灌漑用水だった水が都市用水に転用されると、通常その国では、生産能力の減少を埋め合わせるために穀物を輸入しなくてはならなくなる。一トンの小麦を輸入することは、一、〇〇〇トンの水を輸入することに等しい。水の不足している国が最も効率的に水を輸入する方法が、穀物の輸入なのである。これまでは、土地の不足度合いによって穀物の国際貿易パターンが形作られていたが、今では水の不足度合いの影響が大きくなりつつある。

今日世界で最も成長著しい穀物市場は、北アフリカと中東、モロッコからイランまで広がる地域だ。ここには、人口が安定するまでに、現在の人口の二倍とか三倍近く人口が増加するだろうと予測されている国々もある。しかし、この地域の国々は例外なく、水不足という大問題に直面している。都市化や工業化に伴って、灌漑用水がどんどん他の用途に転用されて減ってしまい、結果として穀物の輸入量が増えている。この地域が一九九七年に輸入した穀物を生産するために必要とした水の量を計算すると、ナイル川の年間流量にほぼ等しい。

世界の穀物収量は、一九五〇年から三倍近くにまで激増したが、これを可能にした最も重要な要因は、施肥量の増加だったかもしれない。一九五〇～一九九〇年の間に、世界の肥料使用量は、一四〇〇万トンから一億四〇〇〇万トンへと一〇倍に増加した。しかし、一九九〇年代には、灌漑用水と同様、多くの国で施肥量の伸びが止まってしまった。施肥量にも最適レベルがあり、それ以上与えても経済的に見合わないことがわかったのだ。たとえば、一九九〇年代半ばにアメリカの農家が使用した肥料は、一九八〇年代初めより少ない。日本や西欧でも同じ傾向が見られる。作物品種が肥料を吸収できる生理学的限界まで施肥量が引き上げられると、それ以上肥料を追加しても生産にはほとんど効果がないのだ。かたや水が不足しており、かたや肥料に対する反応が鈍くなってきているということは、世界の穀物収量を急速に伸ばし続けるのが、ますます難しくなってきているということである。

陸地から得られる食糧が増産しにくいとなると、海からの食糧に解決を求めるべきだろうか？　しかし、海洋漁業も「壁にぶちあたっている」ようなので、それも無理である。漁獲高は、一九五〇年の一、八〇〇万トンから一九九〇年の九、〇〇〇万トン近くまで増えたが、この七年間は増えもせず減りもせず、横ばいである。

人口一人当たりの海産物の量は、一九五〇年の八キログラムから一九九〇年には、一七キログラムへと二倍になった。約二〇年前に海洋生物学者が、「海洋は一億トン以上の漁獲高を維持することはできないだろう」と警告を発したが、その警告に耳を傾け、世界の人口が安定していれば、この一七キログラムという一人当たりの海産物の消費量は変わらずに済んだだろう。しかし残念なことに、一九八八年をピークに、それ以降一人当たりの海産物は八％減少している(図11)。一つ前の世代では、一人当たりの海産物は着実に増えたが、それとは対照的に、次の世代では一人当たりの海産物の量は着実に減少し、値段は上昇していくだろう。この傾向は、世界の人口増加が止まるまで続く。

海洋漁場が「壁にぶちあたってしまった」とすると、今後漁獲量を増やすなら養殖にたよるしかない。しかし問題は、養殖池の魚には餌がいるということだ。養殖とは実は「海洋版家畜飼育場」なのだ。穀物をめぐって人間との争いになり、さらに鶏肉や豚肉、牛肉の生産者との取り合いになる。

大型の漁船を作ったり、高効率の漁業技術を使っても、海洋漁獲高は増加しないというのが現状だ。最初にも述べたように、今や漁獲高を左右するのは、自然の制約条件である。

図 11　世界の人口１人あたりの漁獲高
1950〜96年

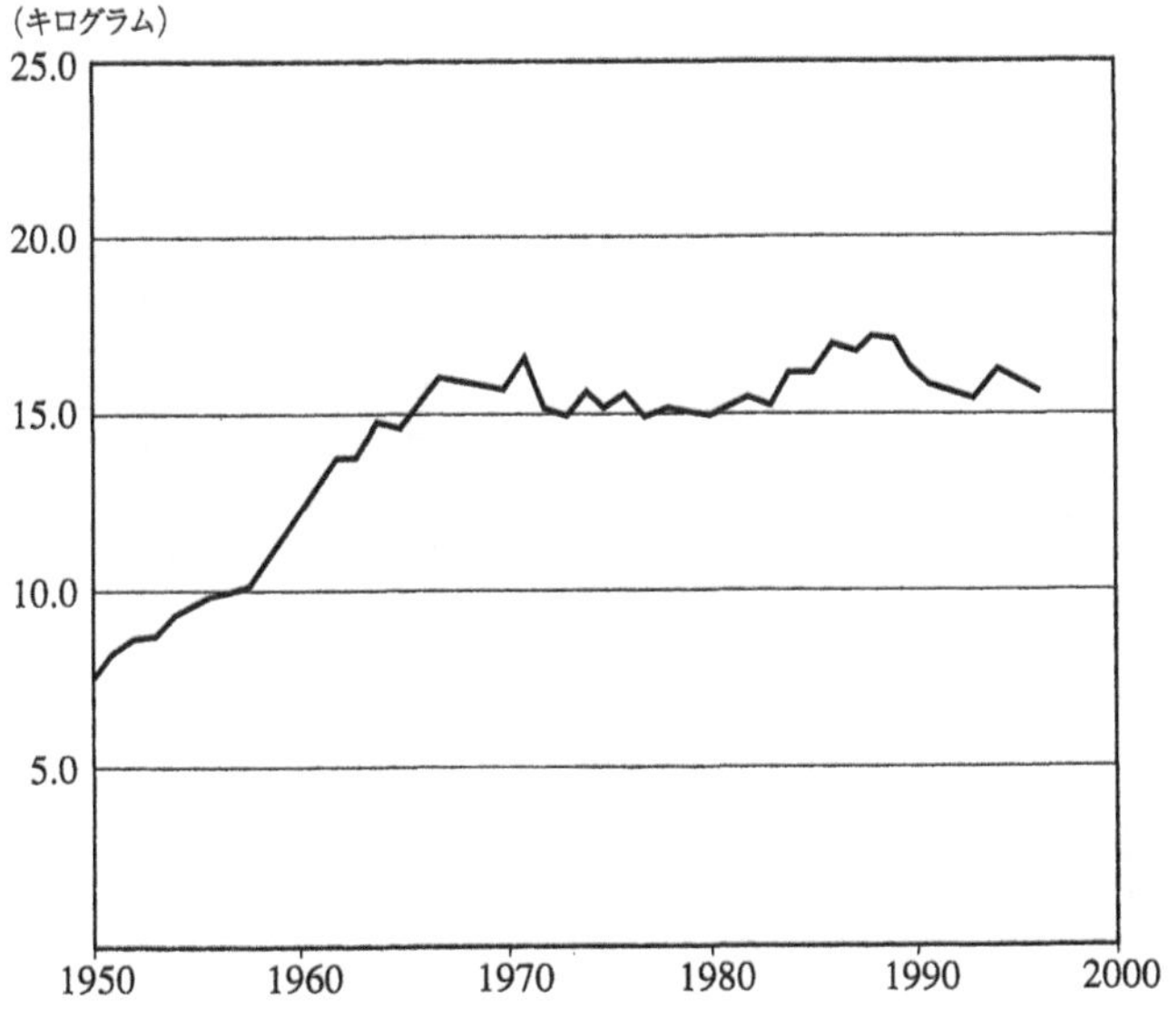

つまり、われわれが持続可能なやり方で海洋漁業を行っているかどうかである。

世界の穀物需要は前例のない勢いで増大している一方で、一九九〇年代以降、世界の穀物収量の伸びが回復しないとすると、世界の穀物価格は高騰するだろう。収入の中で食費の占める割合が小さい富裕層にとっては、穀物が値上がりしても大した影響はない。しかし、一日一ドルかそれ以下で生活している一三億人にとっては、食糧価格の高騰はただちに生死に関わる問題となる。家族に十分な食糧を買えなくなった一家の主たちは、政府の責任だとして抗議のデモに立ち上がるかもしれない。そうして多くの発展途上国に政治不穏が広がれば、それは途上国だけの問題ではなくなる。多国籍企業の収益にも影響が出るだろうし、国際通貨システムも更に揺らいでしまうかもしれない。つまり、世界中の経済発展を脅かしかねないのだ。

経済学者の予測はなぜ当たらないのか？

以上から明らかなことは、食糧問題のあらゆる観点を包括する系統だった予測を、今日ほど必要としている時代はないということだ。ＦＡＯや世銀は今後の食糧生産について過大評価しているように思われるが、その理由はほとんどの場合、経済学者が予測を出していることと、その計算が非常に狭い知識に基づいていることである。ますます複雑性を増す世界で、現実的な予測を行うには、分野を超越した学際チームが必要だ。まず、現実的な食糧予測を行おうとするなら、将来どれほどの耕地が非農業用途に転用されるかを、土地利用の専門家に聞かなくてはならない。特に、前例のない速度で工業化が進んでいるアジアに関する情報は重要だ。同時に、中国やインドで今も計画されているように、自動車中心の交通システムが発展し、また都市化が進んだ場合の耕地の減少も考え合わせねばならない。たとえば、中国の自動車台数は、一九九五年には二〇〇万台だったが、二〇一〇年には二二〇〇万台に増やす計画である。道路や高速道路、駐車場でつぶされてしまう耕地を考えれば、この計画は将来の食糧安全保障を脅かすものである。

植物生理学者の意見も、世界の食糧供給を予測するには不可欠だ。現在ある作物品種は、どこまで肥料を吸収できるかという生理学的限界について、つまり、どこまでなら肥料を使って収量を上げることができるのか、ということも考慮しなければならないからだ。すでに何百万という農家が、現在の作物品種が効果的に利用しきれない量の肥料を与えている現状を考えると、将来の穀物収量の伸びをもう一度見直す必要がある。

予測チームにバイオテクノロジーの専門家がいれば、遺伝子工学に関する最新の評価を取り入れて、よりしっかりした予測が立てられよう。つまりそれは、バイオテクノロジーを使って、今日よりも日照りや塩害、害虫に強い作物品種をどのくらい開発できるかについての予測である。バイオテクノロジーの研究が始まって二〇年になるが、高収量の小麦やコメ、トウモロコシの品種を作り出すことにはまだ成功していない。しかし、日照りや塩害、害虫に強い作物品種を開発するという面で、食糧増産の役に立てるかもしれない。

気候学者もチームの一員に迎えるべきだ。農業が始まって以来、気まぐれな天候に対処しなくてはならないのは農家の常だった。しかし今後は、気候変動にも対処しなくてはならない。気温の上昇によって、天候パターンが現在より大きく変動する可能性がある。たとえば、もっと強烈な嵐や長期にわたる日照りが起こるかもしれない。近年、作物を枯らしてしまうほどの熱波の頻度が増えている。一九九五年には、アメリカなどいくつかの主要な食糧生産国で、熱波のために穀物収量が減少した。

気候学者がいれば、大気中の二酸化炭素、その他の温室ガスの増加に伴って、熱波の頻度や強さがどうなるかを推定できよう。これまでの農業予測には、地球の気候変動を考慮する必要はほとんどなかったかもしれないが、約一万年前に農業が始まって以来、ずっと続いてきた時代とはかなり異なる時代が始まろうとしている。

土壌浸食及び土壌喪失が、将来の土地の生産性にどのような影響を与えるかを推測する農業経済学者がいなくては、生産増加の見通しも甘くなってしまうだろう。土壌浸食は徐々に進行するプロセスであり、表土の損失に関するデータがないこともあって、これまでの食糧生産予測のほとんどが、この影響をまったく考慮に入れていない。

水文学者《すいもんがくしゃ》は、水の使用について、特に潅漑と食糧生産に回せる水の量について、推定してくれるだろう。また、主要な河川の汚染や枯渇の影響についても評価することができる。水がなくては食糧は生産できないわけだから、将来の予測に水の要因が入っていないというのでは問題だ。

それから経済学者も必要である。単に「これまでどおり」を前提にするのではなく、上述したように状況が変わって価格が上がれば、どのように生産側が反応するかを評価してくれるだろう。たとえば七〇年代半ば、穀物価格が二倍に跳ね上がり、食糧の値段も上昇したことがある。その時にはトロール船への投資が大幅に増え、結果として世界の漁獲量を押し上げることになった。九〇年代後半の今、ふたたび食糧価格の上昇という同様の状況に直面している。しかし、前回のように投資を増やしたとしたら、海洋漁場の崩壊を早めてしまうだけで、問題の解決にはならない。

将来の食糧供給や環境安全保障の戦略を考える際には、全体を見ることが必要だ。次の世代に十分な食糧を保証するということは、単に農業だけの問題ではない。これまでは十分な食糧を生産することは、農業関係省庁の責任だった。農業政策を多少手直しして農業への投資を増やすことで、食糧安全保障の問題を軽減できることが多かったのである。しかし今では、食糧と人口のバランスを取るには、家族計画を推進する人々の役割も農家と同じくらいに大きい。また、エネルギーを扱う省庁の政策が、二酸化炭素の排出や将来の気候の安定を左右する。つまり、将来の世代の食糧安全保障という点では、農業関係省庁の決定と同じくらい大きな影響力があるのだ。

日本は穀物の七〇%以上を輸入している。なぜ食糧安全保障がこの上なく重要なのか、説明は不要だろう。世界的に食糧が不足してしまったら、国内の穀物価格が高騰している国は、いくらお金を出されても輸出には何も回すものはなかろう。

生き延びるための戦略作り

将来を考えたときの最大の難問の一つは、すべての人々に十分な食糧と水を供給できるシステムを作ることだ。いうまでもなく、食糧のニーズを満たしてはじめて、持続可能な経済を構築するという目標に向かうことができるからだ。しかし、どうやったらよいのだろう？　どこから始めればよいのだろうか？

農業でできることはいくつかあるし、できることはやらねばならない。今でも穀物の収量を大きく引き上げられる国はあちこちにあるし、これから耕作に回せる土地がいくらかあるところもある。

どのような優先順位で土地を利用すべきかを考え直す必要がある。世界全体で見れば、この五〇年間のほとんど、食糧は生産過剰だった。したがって、土地は「余っている」と見なされ、多くの土地が放置されたり、他の目的のために使われていた。しかし、不足の時代に直面している現在、世界中の国が耕地を保護する政策を取らなくてはならない。耕地の転用に対して重税を課す必要もあるかもしれない。つまり、耕地をつぶして工場や家、ショッピングセンターやゴルフコースを建設しようとする者は、耕地の転用に対して税金を払うのである。こうすれば、耕地以外の土地に建設できないかと再考するだろう。また、たとえば中国では耕地を守るために、死者を埋葬ではなく火葬することを奨励している。ベトナムでは水田を保護するために、ゴルフコース建設禁止の規制を行っている。

水利用の効率改善をはかるには、いろいろな手だてがある。水は無料の資源と見なし、農業や工業、都市住民に、無料か名目程度の料金で提供している国があるが、真のコストを反映するよう、市場メカニズムの中で水を扱うようにしなくてはならない。低所得者層を保護するための特別料金は設定するが、水を市場経済の中で取り扱うことにより、帯水層が枯渇しない持続可能なレベルまで水の需要を減らせるかもしれない。このような市場メカニズムへの移行によって、潅漑施設から家庭用品まで、より効率よく水を利用できる技術に対する市場が生まれてくるだろう。潅漑に回せる水が増えれば、食糧増産の見通しも明るくなる。

土壌浸食の問題にも、もっと強いアプローチをしなくてはならない。日本では農地のほとんどが水田で、非常に注意深く管理されているので、土壌浸食は大きな問題にはなっていない。日本は、耕地の保護に関して世界で最も成功しているモデルといってもいいかもしれない。東京などの大都市にさえ、小さな水田が何百と残されている。土地利用の区分け（ゾーニング）で水田を守ろうという日本の決意がありありと見える。細心の注意を払って耕地を保護することによって、日本は、少なくとも主食であるコメについては自給自足を続けている。

しかし、その他の多くの国では土壌浸食は深刻であり、安定した食糧生産を確保するために立ち向かわなくてはならない問題だ。土壌保全留保計画（Conservation Reserve Program）を持つアメリカは、この分野で世界の先陣に立っている。このプログラムは、過度に浸食されている農地に対して、当局承認の土地管理プログラムを実施しない限り、政府からの利便を与えないという仕組みである。この土地管理プログラムの目的は、浸食による土壌の消失が、自然のプロセスで土壌が形成されるスピードを超えないようにすることである。

また、農業研究にもっと資金を投入しなくてはならない。高度産業経済においては、そしてポスト工業経済においてすら、人々は「情報」が魔法の資源だという。しかし、情報を食べることはできない。情報が研究や応用を通じて実際に使える知識になって初めて、われわれの食糧になりうるのだ。近年情報セクターの売り込みが激しいが、その中でも農業や農業研究の重要性を忘れてはならない。農業を研究しても、革命的な新発見をして、「はい、ごらんのとおり」と食糧問題を一挙に解決できることはおそらくないだろう。しかし、世界が食糧不足の時代を迎えつつある現在、どれほど小さなものでも技術の進歩はこれまで以上に重要になるだろう。

豊かな社会の食生活やライフスタイルを見直すことも、食糧安全保障に効果的である。食糧不足が拡大するにつれて、動物性蛋白質をたくさん消費する食物連鎖の上部に位置する食生活は、環境面で高いコストを払わなくてはならない。たとえば、アメリカ人は平均して、年に八〇〇キログラムの穀物を、主に家畜産物という形で摂取している。対照的なのがインドで、二〇〇キログラムである。この場合、そのほとんどを直接穀物として食べていることになる。

われわれのような豊かな国の人たちは、これまで食物連鎖の上へ上へとのぼってきたが、今日では、健康上の理由から下がっていった方がよい人々もいるだろう。「一人残らず菜食主義者になるべし」といっているわけではないが、食生活を改めて食肉の消費を減らせば、家畜や家禽類の飼料に使われる穀物も減らせる。食物連鎖を下りてくれれば、必要な穀物を減らせるだけではなく、自分自身の健康も改善できる。先進国の病気や早死のほとんどは、脂肪分の多い肉の食べ過ぎが原因となっている。現在のように脂肪分の多い肉を食べ過ぎると、どのように健康に悪影響を与えるかを調べ、国民への啓蒙プログラムを行うことで、食物連鎖を下りていく動きを促進できるだろう。

ライフスタイルを考え直すことは、より大きなグローバル・コミュニティに対する自らの責任を認識するということだ。自分の小さな世界を超えて、広い世界を見るということ。そして、われわれ一人ひとりが、安全な環境を守らなくてはならないことを理解することだ。食生活のあり方、水の使い方、消費の仕方、ゴミの捨て方の一つひとつが、食糧生産と生態系のバランスを安定にも不安定にも傾ける。そして、企業のリーダーも中核的な役割を果たすことになる。食糧生産を増やし、水利用の効率を上げるための新技術は、多大な投資機会を提供するからだ。

以上、来世紀に向けて食糧安全保障を確保するための手だてをいくつか述べた。しかし、最も根源的な問題に対して実効のある取り組みをしない限り、どの手だても使えないものか、あまり役に立たないその場しのぎの解決法になってしまう。前述したように、気候と人口を安定させることこそが、人類が直面している最も重要な課題である。気候変動は食糧問題の供給側に影響を与えるし、人口問題は需要側を左右する。単純明快な計算だが、地球上に人口が増えれば増えるほど、必要な食糧も増える。今後五〇年間に三三億人の人口が増加するならば、さらに膨大な食糧が必要になる。

繰り返すが、現在の状況を大局から見れば結論は明らかだ。人口を安定させなければ、食糧安全保障は得られない。そして食糧安全保障なしには、長期的な経済発展や繁栄は不可能な話だ。

では、持続可能性への五つの主要なステップの最後として、世界の人口を安定させる話を進めよう。

5. 人口のゼロ成長をめざす

本書のあちこちで、「持続可能な経済を作るには、様々な面から人口問題を考えなくてはならない」と述べてきた。しかし、世界人口の増加は、単に数多い問題のなかの一つではなく、中核に位置する問題である。発展途上国の中には、現在の人口の二倍三倍に達する可能性のある国もある。発展途上国の人口増加に歯止めをかけられなければ、「ベター・ライフ」への夢も夢で終わってしまうだろう。

世界の人口が増え続けると、世界経済の産出量も――特に急激に工業化しているアジアの国々で――伸び続ける。しかし、この成長が環境を踏みにじることで得られるのだとしたら、伸びは早晩終焉するだろう。経済を支えるサポートシステムが崩壊したら、長期的な経済成長は維持できないのである。

人口増加は本当に脅威なのか？

進化の歴史を振り返ると、人類という種を絶やさないためには、高い出生率が必須条件であった。病気や猛獣にやられる危険を考えると、たくさんの子どもが必要だったのだ。しかし、今ではどうだろう？　かつては生存の鍵を握っていた高い出生率が、現在ではこの文明を維持できるかどうかに対する最大の脅威となっている。人間が自分たちで努力して人口の安定をはからないと、やがては、自然が新しい病気や広範な飢饉を通じて人口増加を止めるだろう。地球の収容力をずっと超えた無理を続けていれば、自然が黙って人間と人間を支える地球の能力のバランスを取り戻す責任を取るだろう。

人口増加こそが本当の問題なのだと、ことさら強調する必要もないかもしれない。もうすでに多くの人が取り上げ、書いているからだ。それでもなお、この問題がどれほど現実的なものか、そして切迫しているかということに耳を貸さない人もいる。またそれ以上に多くの人が、これまで進んできた道を変えたくないとか、どうしてよいかわからないと思っている。

有名なSF作家、アイザック・アシモフがおもしろい計算をしている。これを見ると、人口増加問題の大きさがよくわかる。「世界の人口が、年率二%で一、八〇〇年間増え続ければ、人間の質量は地球の質量を超えてしまう」というのだ。つまり、たったの一八〇〇年で、この惑星より上に乗っかっている自分たちの方が重くなってしまうのである！　実際にはこのようなことは決して起こり得ないが、基本的なポイントは重々承知できるだろう。人口増加は本当に大問題なのである。

もう一つ、シンプルだがわかりやすい計算がある。ある国の人口増加率が、年に三%だとすると——ケニアやサウジアラビアの現在の増加率だが——、たったの一世紀の間に人口は二〇倍になってしまう。二〇%増ではなく、二〇倍である！　三%ずつ増加すると、二四年で人口は倍増し、四八年で三倍になる。七二年で八倍になり、九六年で一六倍になる。あと四年で二〇倍というわけだ。もし日本の人口が年率三%で増加したら、二〇九八年には二五億人になる。現在の中国の人口の二倍だ。

興味深いことに、日本では、「日本の人口が安定するといわれてもうれしくない、困ったことだ」と考える人が多い。高齢化社会とか、勤労層の減少とか、経済成長の落ち込みとか、人口増加が緩やかになるとこんな悪いことばかりが起こる、という話をする。しかし、人口増加が緩やかになって最後に安定することを、決して問題としてとらえるべきではない。現実には、人口を安定させる以外に持続可能な経済発展は続けられないのだから、日本の進んでいる方向は正しいのである。

人口増加率ゼロを達成した国は、世界に三三カ国あるが、日本はその中の一国である。残りのほとんどの国はヨーロッパ諸国だ。人口増加率ゼロを達成した日本はすばらしいと思うし、日本政府や国民の人々に、「これはよいことなのだ」と考えていただきたい。日本や残り三二カ国の、人口が安定している国にとってのチャレンジは、「もっと赤ちゃんを産むことを奨励し、人口増加が続くように促そう」とすることではない。それよりも、高齢者層が多いという新しい人口構造に適応できるように、社会と経済を設計し直すことに取り組むべきである。人口増加ゼロというこの望ましい現実にフィットするように、就労環境と労働システムを作り直すことに、チャレンジしなくてはならない。

ほとんど人口の安定しているこれら三三カ国の人口は、世界全体の一四%に過ぎないが、その経験が示すところは明白である。人口の安定した成熟産業経済では、地球に対する要求や生態系への圧力も増え続けることはなく、安定している。たとえば、EUの人口は、三億八、〇〇〇万人で安定している。すでに所得はかなり高いレベルにあるので、人口一人あたりの穀物消費量は、年四七〇キログラム程度で横ばいになっている。つまり、EU加盟国は、世界で初めて地球の農業資源に対する要求を事実上安定させたということだ。そして、最も重要なことは、ヨーロッパが実質的に穀物を輸出していることからわかるように、ヨーロッパは自らの土地と水の範囲内で農業資源への要求を安定させたのだ。これは持続可能性へ向けての大きな一歩である。

二〇五〇年に九四億人の世界

世界人口の八六％を占めるその他約二〇〇カ国にとって、最も切迫している課題はいうまでもなく、人口増加にいち早く歯止めをかけることだ。しかし、これは当該諸国だけの問題ではない。人類全体の課題である。

世界の人口は一九五〇年以来、二倍以上になった。一九五〇年以前に生まれたわれわれは、自分の生涯に世界人口が倍増するのを目の当たりにしている、人類史上最初の世代ということになる。「一九五〇年以来の人口増加は、人類が直立歩行を始めて以来の四百万年間の人口増加より多い」と言い換えることもできる。これほど、史上例のない人口増加が起こっているわけだから、その規模や起こりうる結果のすべてを理解できないのも無理はない。

人口増加の勢いはとどまるどころではない。国連の予測では、二〇五〇年には世界人口は九四億人に達するという。三三億人の増加である。先進国の人口はこの間にやや減ると考えられているので、増加分の三三億はすべて発展途上国に加わる。今ですら発展途上国は天然資源が不足しているというのに! これから増える三三億人が必要とする水の量は、ナイル川の流量のおよそ三〇倍に等しく、貧しい人々の食生活を若干上回る程度の食事を考えても、世界の穀物収量を二倍にしなくては間に合わない。それだけではない。何百万という教室や家、雇用も必要になってくる。

予測されている人口増加のうち、約六〇%がアジアで起こると考えられている。アジアの人口は、一九九五年の三四億から二〇五〇年には五四億以上になる。中国の人口は現在一二億だが、一五億を超えてしまう。インドの人口は、九億三、〇〇〇万から一五億三、〇〇〇万へと跳ね上がり、地球上で最大の人口を抱える国になる。二〇五〇年には、中東と北アフリカの人口は二倍以上になると見込まれており、そしてサハラ以南のアフリカの人口は三倍になる。ナイジェリアだけでも二〇五〇年には三億三、九〇〇万の人口となる

図12　世界人口の年平均増加率

1950〜97年

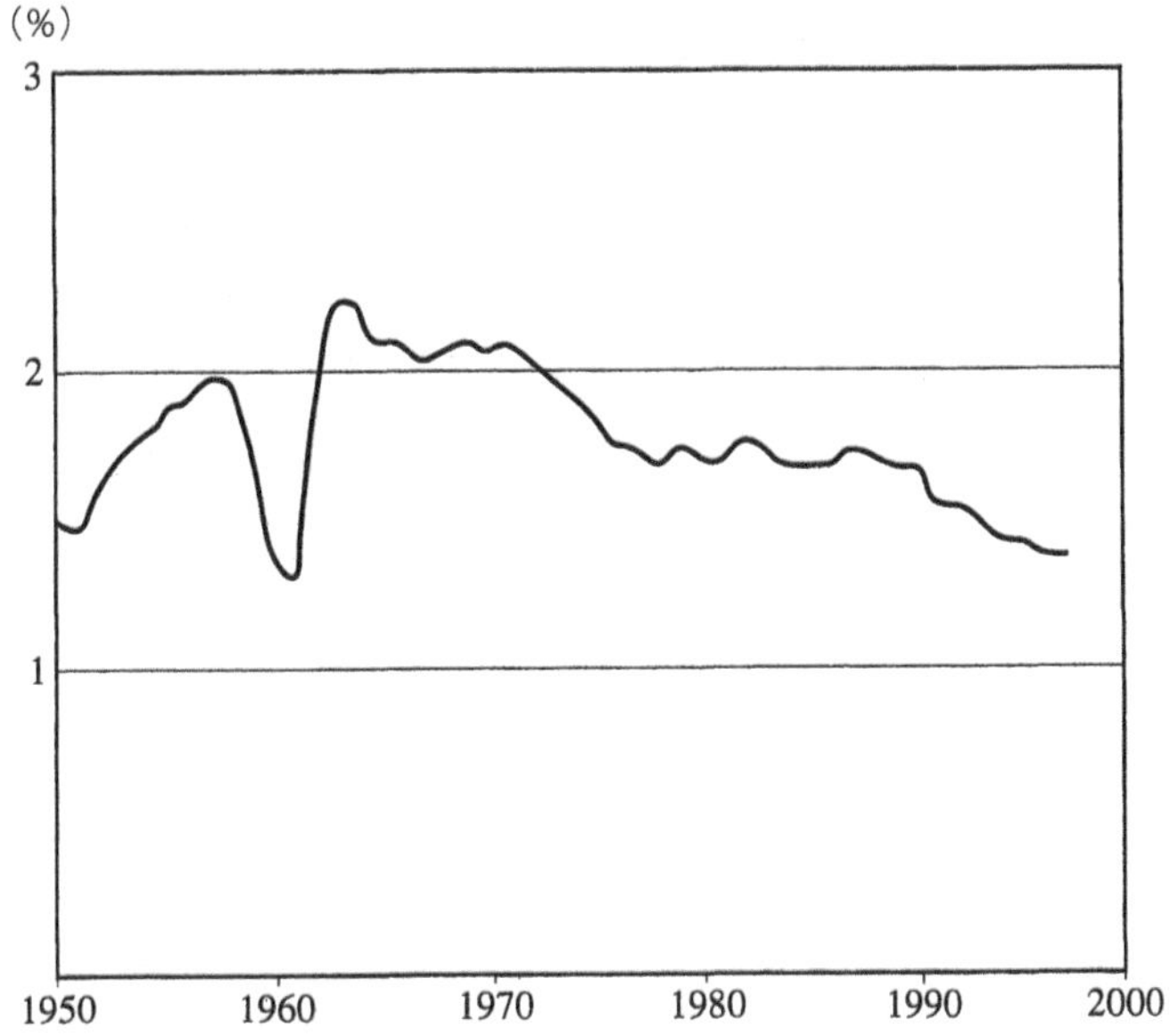

表1　世界の人口増加（1950〜97）

年	人口 (10億人)	平均年間増加率 (%)	年間増加人口 (100万人)
1950	2.556	1.5	37
1960	3.039	1.4	42
1970	3.707	2.1	75
1980	4.454	1.7	76
1990	5.278	1.7	87
1997	5.847	1.4	80

——今日の北米大陸の人口を、すべて合わせた数よりも上回ってしまうのだ。

前述したように、地球の人口は、毎年約八、〇〇〇万人ずつ増えている（図12／表1）。言い方をかえると、毎年、東京規模の都市七つ分の人口に、食糧と住む家を提供しなくてはならないということだ。

しかし、人口増加率を見てみると、一九六三年の二・二％という史上最高レベルから、一九九七年には約一・四％へと次第に下がってきている。実際の増加人口も、一九九〇年の八、七〇〇〇万人から一九九七年の八、〇〇〇万人へと減ってきた。人口増加が緩やかになってきた理由の一つは、インド、バングラデシュ、ブラジルなど多くの主要国で、予測以上に出生率が落ちてきていることだ。世界全体では、出生率——一人の女性が生涯に産む子供の平均的な数——は、一九八五年の四・二人から、一九九七年の二・九人に下がっている。

世界は正しい方向に小さな一歩を踏み出しているのだ。しかし、もっと素早く行動を起こし、予測よりも手前で人口を安定させなくてはならない。重要なのは「何人増えるか」や「何％か」ではなく、「人間が依存している生態系の収容力の範囲内で生活しているのか、していないのか」である。

経済学者の中には、「いいかね、出生率は低下してきている。だから大丈夫さ」という人がいる。しかし、出生率よりも大切なことは、漁場や森林産物、水などの生態系が持続的に産出できる量に対し、世界の人口がどのような要求や圧力をかけているのか、である。現状では、これらの生態系は、今現在過度に搾取されている。残念なことに、自然資本とそのうちどのくらいを消費したかを記録する適切な「在庫システム」を、われわれは持っていない。各国及び世界全体の収容力を評価して初めて、人口予測が意味を持つようになる。天然資源の破壊を抑え、すべての人々の基本ニーズを満たすには、人口を安定化させるための幅の広い方策をただちに取らなくてはならない。

バングラデシュとパキスタンの人口趨勢を比較してみると、今すぐに行動を起こすことがどれほど重要かがうかがえる。一九七一年、バングラデシュがパキスタンから分離独立したとき、バングラデシュの政治リーダーは出生率抑制に努力した。一方パキスタンのリーダーは、確固たる行動を取らなかった。当時の両国の人口は、それぞれ約六、六〇〇万人だった。今日は？　パキスタンが一億四、〇〇〇万人、バングラデシュが一億二、〇〇〇万人だ。二、〇〇〇万人も差がついている。早急に家族計画プログラムを実施したために、バングラデシュはこの二五年間に二、〇〇〇万人の人口追加を抑えることができたただけではなく、二〇五〇年にはパキスタンよりも五、〇〇〇万人も人口が少なくてすむのである。

世界が現在直面しているのも同様の選択だ。国連の予測によると、地球上の人口は、二〇五〇年までに、ともすると、一一一億人にまで達する可能性があるという。結局のところ、将来の人口は、今の段階でどのような行動を取るかにかかっている。そして、地球全体の人口がどのくらいになるかは、最終的には、世界中の人々に直接影響を与えるのである。

人口が急増すると、発展途上国では、社会・経済・環境等の緊急問題に対処できなくなってしまう。二〇~二五年ごとに人口が倍になると、食糧や水にしても、教育施設や医療サービスにしても、追いつくことはほとんど不可能だ。こうなると人口増加は、経済成長の触媒ではなく、ほとんどの場合その逆になってしまう。ある国連公使は、こういっている。「多くの国にとって、人口増加は生死に関わる問題だ。人口増加が経済発展を食いつぶしていくからだ。増加を早急に止めない限り、一歩進んでも二歩押し戻されることになってしまう」

網の目のように依存し合っている今日の世界経済では、どこで環境破壊や社会不安が生じても、津々浦々に波紋が広がり、世界中を震動させるだろう。相互依存の強い今日では、高みの見物を決め込むことは不可能である。経済学者は、「異なった文化や言語を持つ遠くの国々の事柄まで、すべてを計算に含めるのは複雑すぎる」と考えるかもしれない。しかし、いくらそれが計算しにくいものであっても、人口の増加が、世界経済の発展に大きな影響を与えることだけは間違いない。

人口増加を止めることは、世界中の人々の課題である。実際に人口政策を行う手段として家族計画や教育、医療などのサービスは重要だ。そして、二一世紀には、どの国も国家政策の一環として環境の収容力の評価を行うべきである。

人口――センシティブな問題

人口問題は持続可能性への道を歩んでいくうえで、政治的にも文化的にも最も微妙で厄介な問題である。先進国には、「人口増加は発展途上国で起こっているのだから、発展途上国が悪いのだ」と短絡的にいう人もいる。このような批判の下には、残念ながら民族主義や他の文化を認めないという態度が隠されていることが多いが、この批判自体は明らかに的を外れている。まず、ある国の環境がどのくらいの影響を受けるかを決めるのは、その国の人口だけではない。人口の他に、消費のレベルや使われている技術などを組み合わせて考えなくてはならない。

また、先進国が途上国に供与してきた援助が偏っていたという事実がある。豊かな国々は、食糧援助と医療サービスを整えるための援助を通して、また、先進国の最新の医学や科学的アプローチの普及を通して、貧しい国の死亡率を下げる手助けをしてきた。問題は、同時に出生率を下げる努力をしなかったことだ。かつての途上国では、出生率も死亡率も高かった。それが現在では、死亡率は顕著に低下したのに、出生率は高いままだ。これでは人口爆発が起きても何も不思議ではない。つまり、人口の爆発的な増加の一因は、先進国の不適切な政策や技術の用い方にあるということができる。人口の増加と抑制の問題は、遠くのどこかの国の責任だ、というものではない。グローバルな視点から全体を見れば、人口抑制はあらゆる国にとっての重要課題である。

しかし、具体的な進め方については、政治家や聖職者の側に、宗教的な配慮や偏った見方があることが多い。特に、意識的に人口増加を制限することに関しては、一触即発の危険を伴う議論になる。たとえば、カトリック教会は、どのような形であっても人工的に人口を制限するという話は拒絶するし、中絶を家族計画政策に含めるかどうかについても、たとえばアメリカでは、極めて白熱した議論になってしまう。しかし、この問題がどれほど微妙で扱いにくいものでも、人口を安定させるという問題を避けて通ることはできない。

今後は、多くの国の政治リーダーが「一カップルが二人以上子どもを持つ道徳的な理由があるのだろうか」という問いに向き合わなくてはならなくなるだろう。人口一人あたりの漁獲高も穀物収量も減るばかり、という時代に突入しているのだとしたら、何人でも好きなだけ子どもを持つことができる権利も、考え直す必要があるのではないだろうか。好きなだけ化石燃料を燃やす権利があるのか、好きなだけ廃棄物を排出してよいのか、という問いと同じではないだろうか。これは、どの国の政府リーダーも二の足を踏んできた極めて厄介な問題ではあるが……。

そんな中で、中国政府は顕著な例外である。中国政府の一人っ子政策は常に批判の的だ。実施方法は確かに問題があるようだ。しかし、この国のリーダーにとって実行可能な選択肢は、おそらくこれしかなかったのだと思う。根本的な問題は、中国が人口の問題に取り組むのが遅すぎたということだ。ようやくこの問題の重大さに気づいたときには、選択肢はほとんど残っていなかった。人口の圧力がのしかかり、一人っ子政策を進めるしか方法がない状況になっていたら、その政策をスムーズに実施することなど望むべくもない。政治的にいって、この政策は不人気である。というのも、多くの人が少なくとも二〜三人の子どもを持ちたいと思うし、もっとたくさんの子どもが欲しいという人もいるからである。

興味深い例をもう一つあげよう。最近イランの人口政策が変わってきている。ホメイニ氏が、一九七〇年代後半の革命で政権を取ったときに最初にやったことは、前国王が行っていた家族計画プログラムを解体することだった。そして彼は、「独裁的な西洋世界と競うためにイランに必要なのは、もっともっともっとたくさんの赤ん坊だ」といった（ほとんどホメイニ氏の言葉どおりだと思う）。

月日は過ぎ、突然三、〇〇〇万ではなく、五、〇〇〇万の人口に近づきつつあることがわかったとき、人々はイランにはもはや天然資源がないことを認識しはじめた。森林はほとんど跡形もなく消え失せ、土壌は急速に侵食が進み、全国のあちこちで地下水位が低下していた。イランの人口は、一億八、〇〇〇万になると予測されているが、実際にその人口を抱えるということが、どんなに危険極まりないものであるかを突然悟ったのだ。そこで政府は、家族計画プログラムを提供しはじめた。土曜日の朝、モスクでの礼拝の後、ラ（イスラム教の指導者たち）が、「地域の家族計画クリニックへ行って助けてもらいなさい」と促したのである。これは劇的な転換だった。これは、人口政策を形作るうえで、神学よりも地球環境への懸念を優先できることを、鮮やかに示している。

家族計画・ヘルスケア・教育

歴史的に見て、経済が発展し生活の水準が上がると出生率は下がる。今日のヨーロッパをみればわかるように、人口が安定し経済が成熟すると、自然に対する要求も安定する。これは長い時を経て、少しずつ西洋と日本で起きてきた事実だ。

しかし、発展途上国の状況は異なる。前述したように、死亡率がほとんど一夜にして激減した結果、年率三％以上の勢いで人口が増加している国もある。死亡率を引き下げる援助をした豊かな国々は、出生率を引き下げる援助も同時にしなければならなかった。それをしなかったために、急速な人口増加に油を注ぐことになった。現在では、経済の成長に伴う出生率の低下を待つ余裕はない。貧困と飢餓を減らすことは、それはそれで重要な目標だ。しかし、経済が急速に成長しなければ出生率は減らない、というものではない。たとえばバングラデッシュの年収は、平均二四〇ドル程度しかないが、出生率は、一九七〇年初頭の七人近くから三・三人まで減っている。

人口増加を抑制するためには、その国の経済成長を待つ方法以外にも、役に立つ方法がある。出生率を減らすには、家族計画プログラムや教育、ヘルスケアに資金を回すことが最も重要だ。しかしその他にも、先進国が手助けできる分野がある。開発援助を人口安定のために効率よく使おうとするなら、各国の収容力調査を手伝うことだ。そして、それぞれの国でどのくらい人口が増えるか、どのくらい食糧を生産することができるのか、将来的に土地や水の資源はどうなるかについて、予測を立てる。調査を行うと、生産可能な量をはるかに超える食糧が必要だということがわかるだろう。現実には、まだこの問題がどれほど深刻か気づいておらず、自国の環境面での実際の限界を理解していない国が、たくさんあるのである。発展途上国の政治家がこのような情報を利用できるようになれば、経済政策や投資戦略もだいぶ変わってくるだろう。人々も、「子だくさんは子どものためにならない」ことがわかってくるだろう。

これまで、ワールドウォッチ研究所の年次報告書である『地球白書』や、自分の本の中でも何度か、収容力調査をすべきだと書いてきた。これに注目しはじめた主要国がいくつかある。たとえば、中国では収容力を重視するようになってきており、イランからは環境に関心を持つ個人から、手助けをして欲しいとコンタクトがあった。

人口安定に向けての第一歩は、家族計画である。家族計画プログラムを利用しようとする女性を阻む、物理的・社会的な障壁を取り除くことが極めて重要である。世界の人口増加の三分の一は、カップルが家族計画プログラムを利用できず、望まない妊娠をしてしまったことから生じている。世界中で、一億二、〇〇〇万人以上の既婚女性と、それ以上に多くの未婚だが性交渉を行っている成人やティーンエージャーが、このカテゴリーに入る。

カップルが子どもの数は少ないほうがいいと思いながら、家族計画を行っていないのにはいくつかの理由がある。サウジアラビアやアルゼンチンなど多くの国では、政府の政策のために避妊具が手に入りにくくなっている。避妊具がどのくらい近くにあるかも使用度合いを左右する。たとえばアフリカの農村地域では、平均二時間もかけて出かけて行かなくては避妊具が手に入らない。さらに、この受胎調整法は費用がかかる。サービスをカバーするヘルスケアを欠いているカップルも多く、家族計画クリニック側も資金が不十分で避妊具やスタッフが足りないことが多い。

子どもの数は少ない方がいいと思いながら、家族計画プログラムを知らなかったり、文化・宗教的な価値観のため、または家族が反対するなどの理由で使えない女性も多い。たとえばパキスタンでは、夫の四三％が家族計画に反対である。世界の一四カ国では、避妊具のサービスを受ける前に、女性は夫の同意をもらわなくてはならない。また「永久的な不妊処置を受けるには、配偶者の許可が必要」としている国が六〇カ国ある。こうしないと配偶者とヘルスケアスタッフの間に問題が生じるからだと主張されているが、このために女性が出生率をコントロールできないという大きな足かせとなっている。

しかし、家族計画プログラムが使えるようになれば、それだけで人口増加が安定するというわけではない。使いたい人すべてが家族計画プログラムを利用できたとしても、今後五〇年はまだまだ人口は増加しつづける。その理由の一つは、大家族を望む人が多いことだ。したがって、「なぜ大家族を求めるのか」という根っこにある社会的要因にも対処しなくてはならない。

子どもがたくさんいないと生きていけない、という国は今でも多い。子どもは、家族経済の重要な一部であり、老後の頼りなのだ。中小企業への融資を専門としているバングラデッシュのグラミーン銀行などは、バングラデッシュ、その他の国々の貧しい女性など、一〇〇万人以上の村人に融資を提供することで、この状況を変えようとしている。融資が得られれば、女性は自分の力でお金を稼ぐことができるようになり、貧困の悪循環を打ち切ることができる。そして、子どもをたくさん生む必要もなくなるのである。

また医療サービスが改善すれば、子だくさんでなくてもいいと思えるようになる。乳幼児死亡率が下がれば、親は子どもの数が少なくても大丈夫だと思えるようになるからだ。多くの子どもが大人になる前に死亡する状況では、親は何人かは生き残るようにと、実際に望む子どもの数より多く子どもを産む。前の出産から一年以内に生まれた子ども、つまり年子《としご》は、二〜三年の間隔を置いた子どもより死亡率が高い。医療サービスを改善し、出産の間隔についてカップルを教育し、子どもへの予防接種サービスをよくすることで、子どもの死亡率を減らせるだろう。

さまざまな教育努力も非常に重要だ。若い男女に避妊具や家族計画についての情報を提供すれば、受胎調節を行うカップルも増えるだろう。先述したように、今ではイランのモスクですらこのような教育を行う場所として用いられている。タイでは、あらゆる年齢の人々が、家族計画の重要性について教育を受けている。タイの人口コミュニティ開発協会は、デモンストレーションや広告、気の利いた歌などを使って受胎調節を奨励しており、学校の教師ですら、人口に関連した例を用いて数学を教える。このような努力の結果、タイの人口増加率は、一九六〇年の三％強から、今日ではアメリカと同じ約一％へと鈍化した。

もっと一般的なレベルで教育啓蒙を行うことも、小家族への移行を後押しする。特に重要なのが、女性への教育だ。インド南部やその他の地域では、教育を受けた女性には子育て以外の選択肢が生まれ、老後も子どもに頼らなくても安心できるようになる。また、子どもは全員学校に出席しなくてはならないとすることで、よい方向へと文化を変える一方、子どもを働き手にする慣行も減る。最後に、前述の環境収容力調査の結果を公表すれば、一人ひとりが大きな全体像を見ることができるようになり、小家族の必要性も納得しやすくなるだろう。

家族計画――政府とビジネス

上述したステップを踏んでいくための行動を、いくつかのレベルで推進しなくてはならない。一九九四年、国連の人口開発会議がカイロで開かれた。世界各国の政府は、人口とリプロダクティブ（生と生殖の）ヘルスに関する二〇年計画に合意した。国連の見積もりによると、この計画のために必要な資金は、二〇〇〇年までに年一七〇億ドル、そして、二〇一五年になると年二一七億ドルである。どちらの金額も、世界中の軍事費の二週間分にも満たない。しかし、それにもかかわらずこの計画の支援国の多くは、拠出金の約束を守っていない。発展途上国と移行期にある国々が、合計金額の三分の二を出し、先進国の援助供与国が残りの三分の一を出すことがカイロで合意された。

発展途上国は出資額を遵守しているものの、残念なことに先進国側は約束を守っていない。国連の調査では、この計画に、一九九五年に寄せられた豊かな国からの公式財源や慈善事業からの援助は、たったの二〇億ドルだけだ。約束した額の半分以下である。しかも、援助供与国では現在、開発援助に対して否定的なムードが広がっているので、援助金はさらに減りそうである。先進国からの資金が不十分であったため、二〇〇〇年までに、さらに一億二、一〇〇万の望まれていない妊娠が起こると国連では推計している。この望まれない妊娠の三分の一強は中絶されるが、残りは生むつもりではなかった赤ん坊として生まれてくると考えられる。

地球の人口問題は、保留にはしておけない。人口がもう一度二倍になる状況を避けるには、今すぐに行動を起こさなくてはならない。今すぐに行動するか、それとも明日まで手をこまねいているかによって、地球がサポートできるレベルで人口が安定するかが決まる。

人口の増大が続けば、やがて環境の悪化によって、経済の発展は間違いなく損われてしまう。

人口問題の解決は、政府やNGOだけに任せておける問題ではない。個々の企業にとっても、この分野で健全でやりがいのある仕事のチャンスがたくさんある。たとえば、「人口の安定」とは、世界中で避妊具の使用が急増するということだ。これはビジネスチャンスである。また、発展途上国でヘルスケアや教育サービスがぐんぐん伸びる可能性もある。

アジアやアフリカでは人口増加に伴って、これから社会インフラを作ることも大きな成長領域になってくる。学校や医療クリニックも何千という単位で作らなくてはならないし、スタッフのトレーニングも必要だ。世界中の政府が収容力や資源の調査を行うようになれば、世界中の研究機関に多くの仕事が回ってくるだろう。

しかし、人口を安定させるために取るべき行動は、短期的な利益目標の計算に基づくべきものではない。われわれには次の世代に対して、この問題に積極的に取り組む責任がある。われわれが今日行動しなければ、明日の多くの意図せぬ死や広がる環境破壊を間接的に起こすことになる。子どもたちに十分な食糧と水のある世界——つまり十分な生存の余裕——を残そうとするならば、人口を安定させるという挑戦は到底やり過ごせないものなのである。

Ⅲ 行動を起こす——ビジネスと政治の役割

地球のために踏み出す一歩とは?

世界経済を再構築し、持続可能な社会を創るということは、今日まで人類文明が直面した最大のチャレンジなのかもしれない。この難題に立ち向かうには、さまざまな点で方向転換を図り、政策や優先順位を見直し、そして行動を改めなければならない。本書の中で、私はできるだけ明確に事実を提示し、どうしたらよいか具体的な提案をいくつか述べてきた。しかし、楽観視するのはまだまだ早い。世界経済を支えている地球のエコシステムの枠を超えて、経済がどんどん膨張していることを示す兆候が、あちこちで目につく。この状況が無限に続くことはありえないということもわかっている。環境面での動向が、経済発展を制限する条件となりつつある。これはこれまで経験したことがないことだ。急いで進路を変えないかぎり、経済発展は否が応でも阻害されてしまうだろう。問題は、「そのようなことが起こるかどうか」ではなく、「いつ起こるか」である。

これまで何度も、すべての問題の根っこにあり、目をつぶって済ますことのできない二つの問題に触れてきた。人口と気候を安定させるということだ。この二つの問題に実効ある対処をしないかぎり、「生存可能な」将来を作ることはできない。これまで、持続可能な世界にするための、最も重要なステップを五つ述べた。そして、正しい選択を行えばどのような世界になるかについても書いてきた。広い森林があって、土壌は安定している。食糧の生産は増え続ける。効率的な交通システムが整っており、都市は人間的で暮らしやすい環境である。そして、エネルギー分野の主軸は、太陽／水素エネルギーだ。

このように、将来の世代の可能性を阻むことなく、今日のわれわれのニーズを満たせるような世界を作るためのステップを、詳細にわたり説明してきた。

しかし、現状の深刻さを認識し、踏むべきステップを知るだけではどうにもならない。また、実際に動く必要に迫られている。それも急いで行動をとり、今の状況から望むべき目標への道を歩み始めなければならない。くり返し強調してきたように、これは大規模な課題であり、小手先で少しずつ調整をしたり、手を加えたりする程度ではすまないのだ。歴史上かつてなかったほどの規模で行動を起こすことが今日求められている。

広がる認識と行動のギャップ

環境を破壊しない持続可能な経済の姿がわかれば、次にすべきことは、それをどのように築くか――目的地への道筋――を決めることだ。しかし、この二〇～三〇年間、環境分野で様々な研究や市民活動が行われてきたにもかかわらず、現在でも「すべきこと」と「実際の行動」の間のギャップは拡大の一途である。残念なことに、この溝は年を追うごとにますます大きくなっているようだ。エネルギー効率のよい太陽発電ベースの経済がどのようなものかはわかっている。交通システムをどのように設計し直せばよいかもわかっている。家族計画の改善には何が必要か、そしてよりよい産業システムを築いていくために何が求められているかもわかっている。そして、実施するための技術はもうすでに用意が整っている。しかしそれでも、この溝を埋められないでいる。地球の実際の状況は年々悪化しており、経済システムは今でも崩壊への道をたどっている。

人類が脅威に対応できない様子を見ていると、いろいろな疑問が浮かんでくる。われわれは、問題を次から次へとため込んでいるのだろうか？　いつか手に負えなくなって政治システムへの信頼が失われ、政治が崩壊し社会がバラバラになってしまうのでは？　または人間は、十分な早さで進化することができず、少しずつしのびよる脅威に対応するだけの自制や先見性を持てない種なのだろうか？　地球の生態系や世界経済、政治システムの間の複雑な相互関連を理解するのに必要な知性を発達させられないのだろうか？　モノや生殖行動への自分の欲求をコントロールできないのだろうか？

経済学者は、世界は今後も引き続き成長するとの楽観的な見通しを述べるが、本書の立場は、明らかにこれとは違う。これまでどおりのやり方は、それほど長く続くことはあり得ないというものだ。まだはっきりしないのは、われわれが政治やビジネスの優先順位を変え、できるだけ早くやるべきことを実際に行うことによって傾向を変えていけるのか？　それとも、環境悪化が続くあまり、食糧価格が高騰し、政治不穏が経済成長を揺るがしてやっと状況が変わるのか、ということである。

問題は、現在手に入る情報に基づいてすぐに行動を起こすか、それとも、もっと破壊的な体験をしてからでなくては行動を起こせないかということだ。われわれが行動を変えるのは、新しい情報が出てきたときとか、これまでにない経験をしたときである。たとえば、アメリカの喫煙に関する事例を見てみよう。一九六三年にケネディ大統領の主導により公衆衛生局長官が、「喫煙と健康の相関関係について」の最初の年次報告書を出した。以来毎年、この年次報告書は多岐にわたる関連研究プロジェクトを生み出し、肺ガンから心臓発作や心臓病のリスクの増大まで、あらゆる角度から喫煙の関係の研究が行われており、それぞれが報告書でまとめられ、マスコミが取り上げている。このような情報を知って喫煙をやめた人が増えている。必ずしも病気になったから禁煙したのではなく、次々と出てくる情報に「行動を変えた方がいい」と考えを改めたからだ。そうはいっても、情報だけではたばこをやめない人もいる。そして、ある朝起きて血痰を吐き、はじめて問題があることに気づく。おそらく肺ガンだろう。そして、この段階ではもはや手遅れかもしれない。

ある意味で、今日われわれが環境の分野で直面している選択肢も同じようなものだ。われわれワールドウォッチ研究所の役割は、世界が肺ガンになってしまう前に喫煙をやめさせるよう努力することだ。ここでの「肺ガン」とは、深刻な食糧不足が広がって、第三世界の都市が混乱に陥ることかもしれない。これまでになかった深刻な新種の病気やウイルスで、世界の人々がバタバタと死んでいくことかもしれない。気候との関連で何が起こってもおかしくない。たとえば、南極の大氷塊が海に流れ込み、人々がおびえるほど目に見えて突然海抜が上がるとか。われわれが適切な行動を取らざるを得なくなるきっかけが何になるかは、だれにも予測できない。しかし、今日の情報に対応して行動を変えるにしろ、将来より厳しい経験をしてから変えるにしろ、いずれは行動を変えなくてはならなくなるだろう。この難題を決して過小評価すべきではない。

経済の舵取りに税制を利用する

目の前に待ちかまえている難問の大きさに圧倒されてしまうかもしれないが、われわれには、持続可能な経済を構築するための極めて有効な政策ツールがある。つまり、税政策である。どの国の税法も、税政策のちょっとした変更や調整が何十年も積み重なった結果、現在の姿になっている。現在の形に行き着くまでの長い間には、税率が上がったり下がったり、改革が行われたり、そのまま据え置かれたりした時期もあるだろう。いずれの時代も政治家が税制を変更しようとすると、衝突が起こり混乱に陥ってしまうこともある。「公正」の定義にもいくつもあるし、最も切迫している問題にどう対処すべきかについても、いろいろな考え方がある。そして、政治勢力そのものに、さまざまなぶつかり合いや駆け引きがある。その結果、政治的な原則やプラグマティズム、時代錯誤が組み合わされて、今の税制ができている。そしてこれは、今の時代の最も重要な問題――持続可能な経済を作る――という問題を反映していない。そろそろ重箱の隅をつつくような政治的な言い争いを超えて、現代と将来の世代がよりよい生活と可能性を手に入れられるように、積極的に税制を作り直すときではないだろうか。

今日多くの政府は、個人と企業の所得や貯蓄に課税して税収を得ている。しかしこれでは、仕事や貯蓄をしようというやる気を失わせてしまう。価値ある貢献をしているのに、罰せられているようなものだ。これまで述べてきた経済システムを作るには、仕事や貯蓄は建設的で「よい」活動なのだと奨励し、それなりの価値を与えるべきだ。逆に、環境を破壊する活動を抑えるためのツールとして、税制を使わなくてはならない。今日このような環境税は微々たるものか、そもそも存在していない。前の時代の名残りである現行の税制を根本から作り直すことが、大きな課題だ。「よい」活動に対する税負担は軽くし、他方、炭素排出や有毒廃棄物の生成など、環境を破壊する活動への税を重くする必要がある。

多くの政治家は、このような税制改革に二の足を踏んでいる。こんなことをすれば主に化石燃料による電力で動いている業界を怒らせるのではないか、経済活動を衰退させてしまうのではないか、マイナス成長になってしまうのではないか、と恐れるからだ。しかし、このような恐れが出てくるのは、誤った前提が深く染みついているからだ。政治家は、環境面を考慮して税制を改革した場合、社会全体にとってどんなに大きなプラスがあるかを見失ってはいけない。そのような方向で税制が変われば、多くの投資家や働く人々が勝ち組に入るだろう。環境を破壊する製品に重税がかかれば、消費者や企業のそのような製品の購入は減り、代わりに環境的に健全な製品が売れるようになる。石炭中心の産業が一つ衰退するたびに、太陽エネルギー中心の新たな業界が台頭してくるだろう。汚染を引き起こす生産プロセスをやめるたびに、クリーンな代替プロセスが生まれてくるだろう。必要なのは表面的な変化ではなく、本格的な変革だ。したがって、生まれてくるビジネスチャンスも極めて大きなものになる。

今日の環境問題の原因の一つは、「市場が真実を語っていない」ことである。今日の市場に出回っているサービスや製品の多くが、実際の生産価格を反映していない。ユーザーがコストすべてを負担しているわけではないのだ。たとえば、自動車が大気汚染を引き起こす。しかし、その結果生じる呼吸器疾患の医療費コストを払っているのは、ほとんどの場合自動車の運転手ではない。この医療コストが真に反映されれば、ガソリンやガソリンを使用する車の価格は、ずっと高いものになるだろう。

大気中の二酸化炭素レベルを上昇させている国が、気候変動による影響を最も直接的に受けるか、というと必ずしもそうではない。海抜が上昇して跡形もなく海に沈んでしまう危機に瀕しているのは、南太平洋に浮かぶ島々だ。しかし、そこの住民はほとんど車を持っておらず、大気を汚染する産業も島にはない。

原子力発電に潜む潜在コストが非常に大きいことは、一九八六年のチェルノブイリ原発の災害で痛ましいほどに明らかだ。放射線漏れから一二年たった今でも、何千人という子どもが関連疾病に苦しんでおり、捨て去られた耕地の大部分は、今なお生産できる状態に戻っていない。日本でも最近、プルトニウムを燃料に使っている「もんじゅ」や、東京近くの東海村の動燃で、ほとんど災害に近い事態が起こっている。このような事故のコストも、原子力発電による電力価格に反映されてはいない。

森林産物を扱う企業も同様だ。森林を伐採すると、土壌浸食が起こり、河川の沈泥が漁場を破壊する。しかし、この企業が、土壌浸食や漁場破壊のコストを払っているわけではない。

実際、化石燃料中心の経済で、われわれが今日消費している商品のほとんどが、さまざまな見えないコストを隠している。汚染が引き起こす健康上の問題や汚染除去、環境破壊のコストなどである。もしこの隠れたコストが目に見えるようになり、このコストを含んだ形で、価格や課税システムが形成されると、市場の様子はかなり違ってくるだろうし、消費者の行動も大きく変わるだろう。

環境を破壊する経済行動の中でも特に課税すべきものは、炭素や二酸化硫黄の排出、有害廃棄物の生成、真新しい原材料や農薬の使用である。このような破壊的活動に課税すれば、それぞれの使用が抑えられると同時に、ニーズを満たす別の持続可能な方法を間接的に支援することになる。たとえば、真新しい原材料に課税すれば、リサイクル原料の使用を促すことになる。前にも述べたが、耕地を非農業用に転用することに課税するのも一つの考え方である。こうすれば、開発者は別の解決策を探そうとするだろう。水についても、その実際の価値を反映する税制にすれば、企業でも家庭でも、この重要な資源をもっと考えて利用するようになるだろう。

今日、政府は企業や個人の所得に課税している。この方法は税収を上げやすいから取っているだけであって、所得配分という目的以外に社会的に大切な役割は果たしていない。他方、環境を破壊する行動に課税するシステムにすれば、税収を上げると同時に、社会にも役に立つ。重要な公共サービスに資金を回すための税収を上げると同時に、希少な資源

**表2　労働や投資に対する課税から、
環境に害を与える活動に対する課税への移行**

国	開始年	減税項目	増税項目	税収の移行割合*
スウェーデン	1991年	個人所得	炭素及び硫黄の排出	1.9
デンマーク	1994年	個人所得	自動車用燃料、石炭、電力及び水の販売。廃棄物の焼却と埋め立て。自動車の所有。	2.5
スペイン	1995年	賃金	自動車用燃料の販売	0.2
デンマーク	1996年	賃金 農業資産	炭素排出。殺虫剤、塩化溶剤及び電池の販売。	0.5
オランダ	1996年	個人所得 及び賃金	天然ガスと電力の販売	0.8
英　国	1996年 〜 1997年	賃金	埋め立て	0.2

*政府のあらゆるレベルでの税収に対する割合を示す。

が効率的に使われるようになる。

税金の一部を移行する動きが最も進んでいるのはヨーロッパだ。デンマークやオランダ、スウェーデンがこのような税政策を最も利用している国々である（表1）。ほとんどの場合、所得税が下げられ、環境を破壊する活動に課する税が増やされている。これまでの効果はどうだろうか？　消費者の側からいえば、自分が好きに使えるお金が増えるし、商品の選択の幅が広がるため、得をしている。オランダの税収データによると、現在では税収全体の五％以上を環境税として得ている。続くデンマークは四％だ。オランダでは税制を変更することで、炭素排出量を数パーセント減らしており、気候を安定させるうえで役立っている。スウェーデンでは一九九一年に炭素排出税が導入されたが、これによって代替エネルギーの中でも、バイオマス（生物資源）利用が七〇％も増えている。

環境税の効果については疑う余地はほとんどない。たとえば、マレーシア政府がガソリン税を変更して、無鉛ガソリンよりも有鉛ガソリンを高くしたとき、急速に無鉛ガソリンへの移行が進んだ。ドイツでは、有毒廃棄物の生成に課税することによって、三年間でこれを一五％も減少した。オランダでは、重金属――銅・水銀・カドミウムなど――の排出への課税が大成功を収めている。二〇年間に、これらの重金属の排出量が約九〇％も減少したのだ。コストに敏感で機敏な消費者や企業は、それだけのインセンティブがあるときには、すぐにやり方を変えるのだ。

建設的な経済活動を支持する

今現在、環境を破壊する活動の多くが無税で済んでいるだけではなく、このような活動の中には補助金を受け取っているものさえある。石炭や石油の生産、銅や鉄の採鉱、殺虫剤や肥料の使用、森林伐採など環境を破壊する活動に支払われている補助金は、世界全体で毎年六億ドル以上に達している。つまり政府は、企業に環境を破壊するための補助金を出しているようなものだ。ゴムや肥料、銅線などの製品が必ずしも悪いというのではないが、その生産に補助金を出すのではなく逆に課税すれば、使用量は減るだろう。同じ社会的目的を達成するのに、環境への害が少なくて済むようになる。

「補助金を建設的に使おう」というと、自由市場の提唱者は目をむくかもしれない。政策の中で、理論上は非常に評判が悪いが、実際には非常によく利用されているのがこの補助金である。新しい補助金について話をするだけで、経済学者は肩を竦め、納税者はいきり立つ。しかし現実は、ほとんどの国で、補助金は財政の基本的なものとして使われているのである。したがって、補助金を有効に活用する方法を真剣に考えなくてはならない。

破壊的な活動への補助金を撤廃すれば、納税者の節約になるだけではなく、われわれの生命維持システムへの害も軽減できる。アース・カウンセルの分析で指摘されているように、「世界の国々が毎年自分自身の破壊のために何千億ドルというお金を出していることは信じられないことである」。しかし、逆に太陽パネルや風力タービンの設置、新しい形態の公共輸送交通システムの構築、新しいリサイクル業界の奨励に多くの補助金を出すということなら、より持続可能な経済を築くための貴重なツールになろう。

税制の方向を変えるための幅広い未来志向型の提案が世界中で試されている。スウェーデン自然保全協会では、政府に新しい税制を勧告している。炭素排出や原子力発電、電力発電、ディーゼル燃料、ガソリン・二酸化窒素排出、硫黄排出に対して課税し、一方で所得税減税をせよ、というものだ。課税対象がこのように変われば、労働力コストは下がり、天然資源コストが上がる。「労働力はふんだんにあり天然資源は不足しているわけだから、論理的にもこの一石二鳥の政策しかスウェーデン社会の進む道はないのだ」と、このグループは主張している。所得税が減税されれば労働力が安くなるので、企業は安く雇用を増やすことができる。したがって、資本より労働力を利用する方が得をするわけで、ここが労働組合の支持を得ている点である。

今日世界のあらゆる場所で、このような大胆な包括的アプローチが必要だ。技術的には何の問題もない。乗り越えなくてはならないのは、政治面での障壁だ。政治家とビジネス界の意思決定者が、「税制をこのように移行しても、経済の発展が阻まれることはない」と理解できれば、正しい方向にすばやく動けるのではないかと思う。「グリーン税」は、ビジネスを邪魔するどころか、革新を促し、雇用を増やし、健康も向上させる。また、ビジネス運営も合理化できる。というのも、環境を破壊するような経営が、最もコスト効率の悪い場合が多いからである。経済を再構築するために税制を利用するとは、実は市場のメカニズムを活性化することである。このような政策は、時間をかけて段階的に行えばよい。先々がわかる形で系統立てて進めていけば、消費者や企業も、この変化を考慮に入れて、投資の決定を行うことができる。

世論調査によると、ヨーロッパでも北米でも七〇%の人々が税制の変更を支持している。きちんと説明がなされれば、このような取り組みはなるほどと思えるし、自己破壊に向かいつつある経済システムではなく、将来に明るい見通しを持てる経済システムを構築するというのは、ワクワクする考えだろう。

持続可能な将来を築くというと、個々人の消費者の消費パターンや消費量に着目する傾向はあるが、実は企業や政府も、組織の上から下まで消費者であるということを、忘れてはならない。企業や政府の調達方針は、経済を形づくるうえで重要な役割を果たしている。政府の調達方針を変更しただけで、全国規模の変化が生じた例を二つ、アメリカから紹介しよう。まず、クリントン政権が、紙を節約する方針を行政命令に組み込んだときのことだ。連邦政府は、古紙利用率が高い紙しか購入しないという行政命令を出した。この行政命令で、製紙業界は一変した。というのも、紙の大口消費者である連邦政府に買ってもらうためには、リサイクル原料を使わなくてはならないことを、皆が理解したからである。

同じように包括的変化が起こった別の例は、これもクリントン政権が、コンピュータ業界に対してエネルギー効率の新基準を設定した時だった。コンピュータは、当時の平均値の二倍のエネルギー効率で動かなくてはならないと定めたのである。ここでも何も新しいことは必要ではなかった。技術はもう整っていた。メーカーが、よりエネルギー効率のよい生産形態に移行することだけが求められていたのだ。コンピュータの新基準が設定されると、業界全体が対応せざるを得なかった。さもなければ大きな市場シェアを失ってしまうからである。以上が最近アメリカで起こった制度的な変化の二つの例である。これによってアメリカ経済は二〜三歩、持続可能性に向かって進むことができた。

環境問題は史上最大の投資機会

本書に一貫して流れている主題は、環境問題とは、実は史上かつてなかったほどのビジネスチャンスであるということだ。経済を再構築するうえで、踏むべき五つのステップのすべてに、世界中の企業が積極的に参加する必要がある。この五つのステップが組み合わさって全体として持続可能な経済へ向かうとき、企業の大小を問わず、無尽蔵のビジネスチャンスが生まれる。

今ほど企業のリーダーシップが求められた時代はない。ビジネスリーダーは今こそ、自分には短期的な損益を超えた責任があり、「ベターライフ」への夢を壊さずにおく手助けができることを認識して、一歩先へ踏み出すべきである。「ビジネスのビジネスはビジネスである」、つまり利益なしに企業は生き残れないことは事実だ。しかし、成長し続ける経済を築けるかどうか、ということにも企業の命運がかかっているはずである。

特に、再生可能なエネルギー源やエネルギー効率のより高い技術への移行は、今後大きな成長と投資機会の見込める領域であるに違いない。この分野には、まだまだ未知のチャンスがたくさん手つかずで眠っている。この一〇〜一五年間、通信やコンピュータ業界で展開してきたのと同じくらいエキサイティングな大変革が待っている投資領域だ。またこの分野には、高度な技術的専門知識を持つ日本企業が、必要なリーダーシップを取れるチャンスが存分にある。東京からニューデリーまで、都市住民の生活を曇らせているスモッグや公害を考えると、このまま進んではいけないという認識が、アジア中の各国政府で出てきているようだ。具体的な例が、風力エネルギーで世界のリーダーの一つとなったインドだ。アジアには地球人口の半分以上が集中している。大企業にも中小企業にも、敏捷にニッチ（誰も目をつけていないビジネス）を狙う企業にも、活躍の場が十分にある巨大市場である。しかし、素早く行動を起こすことが肝要だ。それは、最も重要なのは課題である経済の再構築を支えるためだけでなく、先見性のある他社が動き出すまえに、ビジネスチャンスを手中に収めるためでもあるということだ。

生まれ変わる企業は生き残る

化石燃料を中核とする経済で、主要企業に名を連ねる多くの企業が将来生き残るためには、それらの企業自らが生まれ変わらねばならない。第一部で、ブリティッシュ・ペトロリアムやシェル、エンロン等の主要石油会社が、太陽発電工場に大規模な資本投下を行う決定をしたと書いた。これらの企業は、自分たちを徹底的に作り直している最中なのである。かつての「石油会社」が、「エネルギー会社」に生まれ変わっている途中なのだ。同じ意味で、自動車メーカーの多くが、自分たちを「車のメーカー」ではなく、「機動性を提供する企業」とか「交通輸送企業」と考えるかもしれない。「石油会社は永久に石油会社でいなくてはならない」「石炭会社はいつまでも石炭会社でいるべき」理由など一つもない。自社の持てる資源を使って、太陽や風力、地熱、水素などのエネルギー分野に参入することもできる。自動車メーカーは、持続可能な交通輸送システム――大気汚染を起こして健康を害したり、多量の化石燃料を使用して気候変動を起こしたりしないシステム――を作り上げる中に、自社の役割を見つけられるはずだ。

世界がますますめまぐるしく変化するようになると、自らを作り直す方法を一番よくわかっている企業が、最も競争力をつけてくるだろう。こうなってくると、世界の大企業のいくつかは、極めて大きな難問に直面することになるだろう。しかし、有り難いことに、新しいタイプの経営者が、世界のあちこちに出現しつつある。この新しいタイプの経営者にとって、「エコロジー」は知らないことばとか敵対することばではなく、企業がより合理化し効率を高めていく動きを励ますチャレンジを意味することばである。アメリカのモンサント社のロバート・シャピロは、そのようなビジネスリーダーの一人で、彼は「システムそのものを変えなくてはならない」といっている。

モンサントは現在、大がかりなリストラを行い、経営戦略を立て直しているところだ。モンサントは、もともと殺虫剤などの化学物質のメーカーであるが、最近化学部門を売却し、いわゆる「ライフサイエンス企業」への変革に力を注ぎ始めている。具体的には、害虫や病気に強い作物品種の育種などに焦点を当てている。それによって、殺虫剤が必要な理由の根源に対処しようとしているのだ。モンサントは遺伝子工学を用いて育種を行おうとしている。ある植物種から別の植物種へ遺伝子物質を移すことは、それはそれで問題があるかもしれないが、モンサントの経営陣は、殺虫剤をいつまでも使用するよりもこの方がリスクが小さいと考えている。

モンサントは水不足などの今後起こってくるであろう環境問題を取り上げ、この問題の解決のために、自社の資源をどう効果的に活用できるかを考えている。一つわかったことは、自社の植物育種に関する専門知識を用いれば、今より日照りに強い作物品種を開発できるということだ。つまり、水をもっと効率よく利用できる品種の開発だ。これは、今後水不足のせいで食糧が十分に生産できなくなるときに、大きな手助けとなるだろう。もとは化学会社だった企業が、汚染と食糧問題の両方を地球規模で解決する手助けをするということになるのかもしれない。シャピロは、持続可能な将来を視野に入れて自社の進路を考えない企業は、時代から取り残され、もっと先進的な企業に吸収されて消えていくだろうと考えている。

水質浄化等に携わる日本の荏原の藤村社長は、モンサントのシャピロと同じようにきっぱりと断言している。藤村氏は、「環境に化学物質を次から次へと吐き出し続けるなら、安全でクリーンな飲み水を提供することはまったく不可能になるだろう」といっている。「人間が使えるように水を安全にしておける唯一の方法は、最初から汚染しないことしかない。つまり、経済を作り直すということだ」と、彼は述べている。

日本の企業は、太陽電池の分野で非常に有利な立場にいる。前述したように、七万軒に太陽発電装置を設置するという、国の計画が最近始められたことで、日本企業は世界のこの市場でも切り拓けるほど、競争力の強い立場に立てるはずだ。同様の状況が、以前デンマークにも見られていた。政府の政策と企業への奨励策によって、デンマーク企業が風力エネルギー分野で、世界のリーダーになれる設定ができたのだ。デンマークの例をみると、小さい国や小さい企業でも、世界のリーダーシップを取れることがわかる。開発援助を定義し直す必要が出てくるうえ、アジアの国々に地理的に非常に近い日本は、この地域の中心的役割を果たさなくてはならない。環境に健全な技術に対して対外援助と民間投資を組み合わせることによって、発展途上国が太陽発電の道を歩んでいけるよう手助けすることができよう。これは世界経済の安定に向けて大きく貢献することになる。

今日の世界では、マスコミの役割も極めて重要だ。大手のマスコミは、これまでどおりのやり方を続けるという戦略ではもはやダメになってしまうこと、人類の文明の証である技術や社会の進歩が持続できるかどうかは、政策や優先課題を変えられるかどうかにかかっていることを、人々にわからせる責任を負っている。多くの分野で、政府が先導役を務めなければならないのは確かだが、世界中に必要な情報を発信できるのは、新聞、雑誌、テレビ、ラジオ等、世界のコミュニケーションメディアだけなのである。

この意味で、CNNやBBCのようなテレビメディアの巨頭や、ニューズウィーク誌、エコノミストなどの主要な週刊誌、日本のNHKのような各国の主要なマスコミ機関は、大きな責任を負っている。とはいっても、これは「重荷」と見るべきではなく、マスコミにとってやりがいがあり、利益のある役割だと考えるべきである。これらマスコミ機関のトップは、この責任や役割について積極的に考えていないかもしれないが、早急に、必要な規模の変化を押し進めていくための情報発信ツールを握っているのは、マスコミだけなのである。

世界が確固たる歩みで持続可能な世界へ向かうとき、大企業にも中小企業にも果たすべき役割と課題がある。もちろん、大規模なインフラを新規に建設するなど、中小企業には無理な課題もある。しかし、ほとんどの課題で実は、中小企業の方が有利かもしれない。中小企業には、融通がきき官僚主義的なやり方をしないという強味があるからだ。化石燃料中心のエネルギー経済が、大規模発電所に高度に集中した形であるのに対し、太陽／水素エネルギー経済は分散化されており、それぞれの地元の会社に多くの機会とニッチを提供する。インターネットなどの近代的な通信手段を利用すれば、たとえば日本の小さな企業の発明や革新的なアプローチが、世界中の発展に好影響を与えることも可能だろう。こう考えると、どのビジネスマンでも、経済を再構築するプロセスに積極的に参加しようというやる気が起きてくるだろう。

環境問題は困ったものだ、環境問題のせいでビジネス機会が減ってしまうと今でも思っている企業があるならば、今こそ新しいメガネにかけ替えるときだ。このような企業は、環境問題こそが世界経済を根本から変え、投資の機会を増やすのだと考えていない。純粋に投資だけを取ってみても、環境への関心から生まれてくるビジネス機会に肩を並べられるものはひとつもない。今日環境に関心を寄せているのは小さな環境主義者のグループだけではない。「持続可能な将来を作りたい」という社会全体の要望は、日々ふくらみつつあるのだ。

われわれはみな、環境を大切に考えるようになってきていると思う。少なくとも私はそう願いたい。「環境などどうでもよい」ということは、「自分の子どもなどどうでもよい」というのに等しい。今、すべての企業は、環境問題に対して防御的な姿勢を取るのはやめて、前向きで建設的にならなくてはならない。持続可能な経済とはどのようなものかを理解し、その好機を利用する長期的戦略計画を、策定しなくてはならない。勝つ企業もあれば、敗れる企業も出てくるだろう。先見性を持ち、運営の行き届いた革新的な企業は、好機を予期し、うまく利用するだろう。敗れるのは、過去にしがみついて新しい機会が見えず、自らを作り変えることのできない企業だ。

自分たちは未来永劫「石油会社」だと言って譲らないような企業が敗者の一例だ。二酸化炭素の排出量を減らさなくてはならないことがわかっている企業が勝者になるだろう。石炭業界や石油業界の大企業にとっては、ＩＢＭが数年前に直面した状況に陥ってしまうリスクがある。ＩＢＭはかつてコンピュータ業界で並ぶもののない巨人だったが、過去にしがみつくあまり、最初は規模の小さかったアップルやマイクロソフトが新しく登場して、ＩＢＭのこれまでの独占市場にチャレンジを仕掛けてきたときに、何が起こっているかがわからなかった。今日のエネルギー業界の「マイクロソフト」はいつどこで生まれるのだろうか？　これはなかなか興味深い問いではないだろうか。今でこそそれほど目立っていない中小企業が、たとえば発電できる屋根材を載せた新しい住宅の設計方法を見つけたりして、一〇年後には世界のリーダーになっているかもしれない。

持続可能な世界に向かうために世界中で必要となる投資は、これまでに前例がないほどの規模である。たしかに道はまだ遠い。しかし、人類史上最大の経済革新に前向きに参加すべく、税制を変更する国や戦略計画を練り直す企業が出てきているというのは、エキサイティングな動きだ。過去にしがみつく企業は、過去の遺物になってしまう。将来を見通せる企業こそが、ともに未来を作っていく興奮と喜びを味わうことができるのだ。

わが友レスター・ブラウン

（英国エジンバラ大学
特任客員教授）
國弘　正雄

中国の古いことばに、「生は食に在り」というのがあります。生きるということは食によってはじめて成り立つ、というほどの意味です。生の営みと食との不可分な関係を一言にして言いあてています。

それはそうですね。ヒトにとってそうであるばかりか、ありとしあらゆる生き物についてこの指摘は当てはまります。動物はもちろん、植物についてもそうです。水や光という養分なしに植物は生きていけませんし、植物なしにはヒトを含む動物も生きつづけることは不可能です。植物なくして動物なし、というのは不滅の真理です。

仏教を開かれた釈尊の有名な、しみじみと心にしみることばに「樹恩」というのがあります。われわれヒトや動物が、樹木に代表される植物にどれほど多くを負っているか、をあらわしていることばですね。想うに釈尊といえども、植物が太陽の光と熱、それに動物の吐く息の炭酸ガス（CO_2）を材料にして酸素を作るという化学的な事実、つまりは光合成のことはご存じなかったでしょう。

でも直観として、植物（の光合成作用）がなければ、人間を含む動物のいのちをつむいでいくことはできぬことを、とっくの昔にご存じだったに違いありません。

釈尊が植物を大切にし、たった一枚の木の葉や、たった一本の木の枝をむやみに手折ることも、この世の中—法身《ほっしん》という仏語を使われています—にみだりに血を流させることに通じるとして、これを厳しく誓《いまし》められたのもそういう深い直観的認識をもっていわれたに相違ありません。そして古代仏教集団にとって、樹木を大切にし、植樹につとめることは、もっとも重要なおきての一つだったのです。

われわれヒトも動物も、植物の作ってくれた酸素のおかげで呼吸し、また植物を体内に栄養として摂り入れることで、日々のいのちをつないでいるわけです。地域によって違いがあるとはいえ、お米や小麦、大豆やトウモロコシは何れもわれわれの基本的な食物です。

そして獣肉であれ海水産物であれ、いわゆる動物性蛋白質と呼ばれるものも、その基礎にあるのはやはり植物です。大豆やトウモロコシなどのいわゆる濃厚飼料であれ、より単純なうまごやしなどの牧草であれ、植物なしに牧畜や畜産は成り立ちません。魚だって彼らの餌の一番の基礎にあるのは、植物性プランクトンですし、その植物性プランクトンを動物性プランクトンが餌として摂取し、それを小魚が食べ、だんだんと大きな魚が食べてヒトの食料にまでなっていく、とこういうわけです。

いわゆる食物連鎖(food chain)がこれで、その一番底辺にあるのが、植物性プランクトンなのです。自然というか環境というかの玄妙なしくみがここにはデンと横たわっています。

話が少し逸《そ》れましたが、食がヒトの生にとって欠くことのできないこと、そしてその食というのが、動物と植物、ひいては水や空気、鉱物やさまざまな無機物から成ることはおわかりだと思います。いわゆる環境がこれです。

そしてフォイエル・バッハというドイツの有名な哲学者は、「汝は汝が食するところのものである」ということばを吐いています。英語に直すと You are what you eat. ということになります。おわかりですね。われわれヒトは万物の霊長などと大きな顔をしていますが、身のまわりの(古い仏教語でいうなら)有情・無情のおかげで食物を摂ることで生きているので、その貴重きわまりない食物がなくなってごらんなさい、とたんにわれわれは飢えにみまわれ、心身ともに衰弱、意気沮喪し、へこたれてしまうのです。

第二次大戦中に日本は極度な食料不足にみまわれ、すべての食物が配給という形をとりました。一日の平均の食料配給量が1200カロリーがせいぜいだったぼくの世代の日本人は、食べ物がどれほどありがたい存在であるかを身にしみて知っています。

一日一、二〇〇カロリーというのは、いまなら重度の糖尿病患者が摂取することを許される熱量、つまりはカロリーなのです。当時ぼくはティーンエイジャーで、伸び盛り、食べ盛りでした（敗戦の一九四五年、ぼくは中学三年生でした）。にもかかわらずの、一、二〇〇カロリーの配給量でしたから、大変でした。食べ物を何よりも大事にする、という習慣や考え方は、そういう個人的世代的な体験を経て、僕らの体に叩きこまれたのです。食べ物を粗末にし、自分で選んできたものも平気で残す、という最近のヤングの傾向に、あんなムダに馴れて果たして大丈夫なんだろうかと、うそ寒いものを覚えてならないのです。

食べ物といういわば実存次元でのテーマにつよい関心をもち、その生産や配分、農業や水産業に素人のくせに興味をもつのもそのためです。ヒトにとって世の中何が大切だというと、食べ物関連のいろいろな営みにまさるものはありえません。実存レベルの真実、ということです。食べ物を粗末にするのは、自分と他者のいのちを粗末にすることとイコールなのです。

でも飽食時代のいまの日本においては、そういう万事払底の時代を想像することはむずかしいですね。しかもそれを世界大で考えることはもっと困難です。

いま世界で栄養失調、ないしは飢えで命を落としている五才以下の子どもは、日に数万人にのぼる、といわれています。一分間に数十人、というのですからすさまじい勢いです。ですから、国内にありあまる程の余剰食料をもち、世界中からありとあらゆる農水産物を買い漁るだけの金銭をもち、あまりひどい風土病などが少なく、幸い健康に恵まれている人の多い日本にあっては、そういう想像力を働かせるのは決してやさしいことではありません。食べるものが十分に存在し、それを手に入れるだけの経済力をもち、食物を摂取する健康状態というこの三つの条件を全部満たしているのは、時代的にも地域的にもきわめて稀な、その意味で「有り難い」—あることが難い—幸せな状態なのです。

ですから世界人口が年に確実に九千数百万人づつ増えるにもかかわらず、食料を生産する手段、たとえば農地とか水がその割で増えない現状を思うと、農水産業の現状を客観的かつ正確に見据え、その未来に思いをいたすことは、現代人として欠くことのできない心構えといえるでしょう。そういう心構えを欠くことは、自分と自分の愛する同胞や子孫の現在と未来に無関心な、非人間的かつ無神経な存在ということになります。ましてや「国際人」などと自称することなんぞできよう筈はありません。

このような経緯について世界大で綿密な調査を行い、時に応じて適切な警告を発し、われわれの関心を喚起することに懸命の努力を払ってきたのが、この本の原著者のレスター・ブラウン博士であり、彼が主宰する（その名も）世界監視研究所《ワールド・ウォッチ・インスティチュード》であり、そこが出す月刊誌や年次報告書なのです。

これまた中国の古いことばに、「八政は食に始まる」というのがあります。八政とは、政治や行政のいろいろな分野を指します。教育とか財政、生産とか福祉、など人間にとって大事なことはいろいろあり、夫々、文部、大蔵、通産、厚生というような各省庁が担当するわけですが、その中でもいちばん緊要なのは食料だ、というのが『周典』というすさまじく古い中国の文献に出てくることばですが、まさにその通りなのですね。

ブラウン氏は、この古い中国の言葉を文字通り現代に活かし、自ら実践するばかりか、世界的に広範かつ詳細な調査を行い、折にふれて警告を発してきたその人なのです。

全世界の政治家や行政担当者が先を争ってブラウン氏と会う機会を求め、その英知の声に耳を傾けようとするのは、まさに「八政は食に始まる」ことを日々実感させられているからに他なりません。

日本、とくにぼく自身の限られた交友関係に限っても、たとえば、ミスター・クリーンの名で知られた三木武夫元首相は、ブラウン氏との話合いを大事にした一人でした。お互いに環境問題につよい関心を共有していることを知った小生は、両者の仲立ちを思い立ち、会うことを望むかとお二人それぞれに尋ねたところ、ぜひに、ということになりました。ブラウン氏のことは、若き日にアメリカで学び、国際情勢につよい関心をもつ三木さんはよく知っていました。

逆に三木さんが、首相になる前に環境庁長官をつとめ、大気汚染や水質汚濁の問題に懸命に取り組み、とくに自動車の排気ガス規制に積極的で、田中角栄内閣の環境庁長官辞任に際しては、そのきびしい規制に閉口していた大手の車メーカーが、祝杯をあげて歓迎した、というようなことでしたから、ブラウン氏もよおく、知っていました。もっとも三木長官のもと、きびしい排気ガス規制をクリヤーしていたことが、その後に、日本車が欧米でよく売れたことの主だった一因だったのですから皮肉ではあります。

アメリカの有力な政治家でのちにカーター政権の国務長官をつとめ、三木さんの親しい友人でもあった故マスキー（メイン州選出）上院議員の、大気・水質改善についてのいわゆるマスキー法はブラウンさんはもとより大賛成ですし、マスキー法の日本版をアメリカ本国より早く通した人として三木さんのことも聞き及んでいたのでした。

たしか三回ほど三木・ブラウン会談がもたれ、何れも小生が立ち会いました。もう二十余年も前のことです。

さいしょの出会いのとき、三木さんは「いまアメリカでの最大の環境問題は何ですか」とズバリ訊ねたものでした。ただブラウンさんの「それは深刻な土壌破壊です」という答えには流石の三木さんもびっくりしたようでした。マスキー法案とのからみもあり、「大気汚染」ないしは「水質汚濁」という答えを予想していたからです。

かねて農業、食料問題に深い関心と強い懸念を寄せてきたブラウン氏にとり、土壌破壊というのは、国のもといを危うくする一番の環境問題だったのです。

かつてニューディール政策で知られるF・D・ローズベルト大統領が、極度の表土の流失現象に直面して、「土の滅びは国の滅び」というスローガンのもと、土壌保全部隊を設け、表土流失の防止に全力をあげたのは、日本でいうと昭和のはじめでした。日本のクズが土壌崩壊の防止のためにアメリカ、とくに南西部に移植され、いまにkudzuとよばれ、今日ではいささか繁茂しすぎて厄介者扱いを受けているのは面白いエピソードです。そして同じクズが、いまは中国の内陸部の土壌保全用に活用されていることを興味深く思うとともに、クズを移植しようという日中共同の試みの成功を熱願します。なおここで、作物にとっての土の重要性を示すことばとして、特異な作家として著名だった故住井すえ女史の「土、もののいのちここに創まる」をご紹介しておきましょう。創まるをはじまると読ませているところに住井さんの深い思想がやどっています。ご主人も高名な農民作家でした。

小生が数年前、参議院の予算委員会のメンバーとして「土の日」の制定を唱え、同委員会の議題の一つに持ち出したのも、かねて敬愛してやまない住井さんのこのことばに触発されてのことでした。すでに祭日がたくさんありすぎて、というような他愛のない事由で成立しなかったのは、自らの国会議員としての力不足を示すものとして恥ずかしくもくち惜しいかぎりですが、水耕法だ何だかだの今日なお、土壌というもののかけがえのない大切さをここでくりかえしておきます。

話をブラウン氏にもどすなら、三木さん以外にも、公明党（当時）の参議院議員で、のちに環境庁長官をつとめた広中和歌子さん、それに環境ジャーナリストの会を立ち上げ、のちに鎌倉市長に選ばれ、古都の環境と景観の保全に全力投球している竹内謙現市長、のご両所がぜひブラウン氏に面晤の折をと強く要望、首都ワシントン特別区は中心部にある世界監視研究所のオフィスでずいぶんと長い時間をとってもらったことを、懐かしく思い起こすのです。

ブラウン氏はこのようないわゆる有力者や名士以外の、若いジャーナリストや学生にも実に気さくに時間を割いてくれました。ブラウンさんの物静かで丁重なパーソナリティと、環境問題についての関心の真摯さがいまに懐かしまれてならないのです。そしていまでは、世界的な超有名人になり、各国の政府や政治家からひっぱりだこのブラウン氏の、少しも偉ぶらない人柄と、地球環境の劣化に寄せる関心の深さを、ありがたく忝けないものに思うのです。

とくに彼が各種の環境問題の中でも、食料の生産と配分の問題に一番の関心を寄せていることに感銘します。先日来日のときも小生の、あなたが懸念している地球環境破壊の中で一番深刻かつ重要と思われるのは何ですか、という問いに対し、直ちに、打てば響くようなスピードで「食料と農業」という返事が戻ってきたものでした。

日本もアメリカも明らかに飽食の時代を迎えていますが、それでも貧しくて十分な栄養をとることのできない個人や集団がいること、とくに世界一の超大国のアメリカにすら十分な食料をとることができない地域や人種民族集団がいることを、ブラウンさんは忘れてはいないのです。

事実、飽食でムダの中に埋もれている日本―食材の四割以上が生ゴミにされるという罰あたりなことをやっていますが、やがては食料危機に襲われるかも知れません。これはかねてからのブラウンさんの警告ですが、この三月上旬に来日したT・リーブス（国際トウモロコシ小麦改良センター）所長も「地球上で人口が毎分二百人増える一方では、耕作地が年間二百万ヘクタール減っている」として、いずれ日本も、食料が不足しつつある世界の状況と無縁ではなくなるだろう、との観測を述べ、分配に問題があるにもせよ、やはり増産が第一だと力説していました。このセンター、メキシコに本部をおく非営利の国際農業研究機関で、とくにトウモロコシと小麦の品種改良や生産性の向上に従っています。多収穫の奇跡の小麦の開発が行われたメキシコに本部がおかれているところがミソです。このミラクル・ウィートの開発者、ボーストローグ博士がその業蹟でノーベル平和賞を受けたことはよく知られています。とにかくアメリカや日本も安閑としてはいられません。

ましてやいわゆる発展途上国などには今日すでに慢性的な飢餓や貧困があることを思うと、「食料と農業」というもっとも深刻な、人間実存次元での難問が控えていることに、お互い、無関心でいることは許されません。年に九千数百万人の割で増え続けていく世界人口、その結果、急速に減少しつづける農地や地下水、こういった側面をブラウンさんは指摘しつづけてきました。岩波書店が出している月刊『世界』誌が、「増大する穀物ギャップ」

と題したブラウンさんの論文を掲げたのは、早くも一九八九年一月のことでした。

実は小生がWorld Watchというブラウンさんのところの機関誌で見つけ、『世界』編集部の注意を喚起し、日本語に訳出して掲載してもらったのでした。この論文は「この夏、北アメリカを襲った干ばつは、一九三〇年代の『ダストボール』にもたとえられている」から始まります。ダストボールとは、一九三〇年代に米国の中西部を襲った大型の土砂あらしのことで、それが原因で中西部から南部にかけての貧しい農民がカリフォルニア方面への避難を余儀なくされ、かのJ・スタインベックのノーベル賞授賞作『怒りの葡萄』を生んだのでした。

かくしてわがレスター・ブラウン氏はぼくが世界でもっとも尊敬している環境論者であり、文明評論家なのです。で、彼にとって一番古い日本人の知り合いだと思います。もっとも近しい友人といったらうぬぼれかも知れません。何せ日本との縁がすっかり深くなり、場合によっては年に二度も三度も日本にやってくる彼のことです。文名が一気に揚がっていろいろな国際会議に出席することを求められたり、講演者や助言者としてひっぱりだされることが、年来すっかり増えたからです。

テーマも一番の専門の農業や食料問題をはじめ、そこに関連する諸問題、たとえば人口爆発や大気や水の汚染、大都市の雑踏や車による環境劣化、地球温暖化の危険、そしてとくに昨今では、ゴミ問題やホルモン撹乱問題—いわゆる環境ホルモン—など、人間存在自体を脅かす火急を要するテーマについて果敢に発言するようになっているのです。オゾン層に穴があいたこととその危険についてさいしょに教えてくれたのは彼でした。もう十年の余もむかしのことです。

この本を手にされた皆さんは、ヒトとヒト以外の有情無情、つまりは狭義広義の環境問題や公害問題への彼の生々しい関心とそれへの処方箋の多岐さにすでに気づいておられるにちがいありません。

それも単に書斎派の、いわゆる安楽イス《アームチェア》のエコロジストに満足することなく、書を捨て街（というか現場）に出ていくことをいとわない、実践派の環境論者、というのがブラウン氏の最大の特徴なのです。内外の高名なエコロジストの中には、書斎のみにとどまり、公害の現場に脚をはこぶことには小心かつ臆病な専門家もいなくはありませんが、わが友ブラウン氏はそうではないのです。

それだけに、沢山の彼の著作やプロフィールがすでに日本にも広く紹介されており、出版関係者やいろいろな公的機関、企業体や研究所の間で、彼に近い組織や個人は少なくありません。

でも古さからいったら、憚かりながら小生がすくなくともここ日本では、一、二を争う知友であることは、ご本人も認めてくれており、率直にいって光栄しごくです。序でですが、同じことを口にしてくれているいま一人の友人は、アルヴィン・トフラー氏です。彼が『未来の衝撃』『第三の波』など、世界的な超大ベストセラーを幾冊も物した社会評論家であることは皆さんも恐らくご存じでしょうが、これまたもう三十年近くの知り合いです。そしてトフラー氏とブラウン氏がこれまた年来の知友であることも付け加えておきましょう。

三人とも世代がほぼ同じ、ということも人種や国のちがいを越えて、われわれ三人の知友関係に資してくれているのでしょうか。人間、年令を加えるごとに、世代を均しくすることの因縁の深さを思うものです。

母語も国籍も人種も、それまでの閲歴もまるっきり違うのに、どうしたはずみか、人生の軌跡をまじあわらせ、ながいこと友達付き合いができるなんて、人生の至福であり、ご縁が深かったのだなあと、しみじみ思わされては、地球というこのホシのためにも、この人間関係をいやが上にも大切にせねば、と心に決しているのです。

ヒトとヒト以外の一切の存在の将来に思いをはせるブラウン氏は、戦争と平和についての思い入れの深さもまた格別です。それも考えてみれば当然です。ヒトとすべての存在にとって、戦争や過大な戦争準備ぐらい大きな環境破壊と資源の浪費はありえず、とくに今日のように核兵器とか化学兵器というような、地球そのものを破壊しかねまじき大量殺戮兵器がまかり通っている時代においては、なおさらのことです。

過日の湾岸戦争や沖縄がらみでも問題になった劣化ウラン爆弾といった悪魔的な存在についても、ブラウン氏は鋭い批判と告発をいといません。

同氏は早くも八九年の二月二十日の朝日新聞のインタビューで「環境安全保障」という新しい概念を展開しています。安全保障というとすぐに軍事しか思い出さない従来の古ぼけた考え方から足抜けして、環境保全こそが地球というこのかぼそけきホシと、そのすべての存在にとっての最大の安全保障だと頭を切り替え、年間実に一兆ドルを上まわるといわれる全世界の軍事支出の中からその幾分かを「環境安保費」に回す、という壮大な発想です。

同氏はまた環境保全にかかる経費を具体的にいくらいくらと推定し、「軍事支出の六分の一から二十分の一で」瀕死の重症の地球というこのホシを生き返らせることができる、として数字化してみせたのです。

たとえば、急激に進行する砂漠化を防ぐには九〇年に四十億ドル、二〇〇〇年には二百十億ドル、同様に植林には二十～七十億ドル、代替エネルギーの開発にも二十～三百億ドルなど、総額では九〇年時点で四百六十億ドル、今世紀末には千五百億ドルを投入しなければならないなどと推定してみせたのです。

この地球というホシの安寧をはなれて、一つ一つの主権国家やそれを構成する各国民の安全もありえず、生存すらあやうくされるではないか、というわけで実に説得力のあるグローバルそのものの議論でした。

国家の安全保障よりも人間の安全保障を、という、スウェーデンの故パルメ首相が熱心に唱え、旧ソ連のゴルバチョフ大統領も追跡した考え方を、ブラウン氏も環境保全の立場から、具体的な数字をもって裏打ちしてみせたのです。

この考え方を同氏は、一九九二年にモスクワで開かれた環境問題と宗教についてのユニークな会議で、直接ゴルバチョフ氏にぶつけ、その賛意を手にしたのです。実はこのモスクワの会議にはブラウン氏ともども小生も出席し、ゴルバチョフ氏のほとんど哲学的ともいえる演説に深い感銘を受け、そのゴルバチョフ案を触発したブラウン提言に満腔の支持を送ったのでした。なおここで余談になりますが、ゴルバチョフ氏に少し触れておきます。同氏がブラウン氏を尊敬しているとともに、ブラウン氏もこの旧ソ連大統領に対し、並々ならぬ敬意を払っているからです。ゴルバチョフ氏は九二年に地球規模のエコロジー組織「緑十字」を創設、その総裁に就任、次世代のために「人は自然の一部」という自覚を地球大で拡げるべく懸命の努力をはらっています。

九一年には大統領の身をいわば追われたにもかかわらず、もともとが農民出身で大学院で農業経済学を修めたこともあって、土壌の侵蝕、大地の荒野化、水と大気の汚染などの問題にじかに直面し、自然とヒトとの関係に思いを深めていた彼は、その名も「緑十字」の創設に踏み切りました。すでに八六年のチェルノブイリの原子力発電の大惨事にソ連共産党書記長としてぶつかり、さらにその改革（ペレストロイカ）路線とグラスノスチ（情報公開）路線を押し進めていくのです。

ゴルバチョフ氏が世界に対して行った貢献はまことに巨大ですが、とくに情報公開と言論の自由により環境保全の力を世界大で推進していったことは、われわれ地球人の共通の感謝に値します。ブラウンさんのゴルバチョフ評もそういったところでしょう。なおこれまた全くの余話ながら、さきごろ韓国の大統領になった金大中さんも、政治的に不遇だったときから、同じく不遇の身をかこうゴルバチョフ氏の高邁な理念に敬愛の念を惜しまず、その緑十字活動に力を貸し、お互いに協力関係を続けたものでした。金大中大統領の登場をいまゴルバチョフ氏はどのような感慨で受けとめているでしょうか。

なお米ソの際限のない軍拡競争こそが地球環境にとって決定的な負の遺産を残した、というのがゴルバチョフ氏の時代認識の最重要なものの一つですが、この点もブラウン氏とは一脈も二脈も相通ずるのです。因みにゴルバチョフ氏はことし六七才、ブラウン氏や不肖小生とも世代的にほぼ同じな点もあわせ思い出されます。話をモスクワ会議に戻すなら「冷戦はいまや終結、世界は新しい時代を迎えている。米ソにやる気があれば「環境安保」は実現可能だ」というブラウン氏の発言には、重味がありました。

なおブラウン氏は日本に対してはとくに大きな期待を寄せています。「日本には地球環境を守り、回復させる歴史的な使命がある」とさえ断じます。その理由ですが、朝日新聞の八九年の八月二十二日号で同氏は次のように述べました。

「日本は立派な省エネ技術を持っている。経済力で世界を引っ張っていく立場にある。四十年ほど前、米国はマーシャルプランで戦後の欧州の復興に力を尽くしたが、今度は日本が地球環境の保護、回復に責任を果たすべき時だ。首相がだれであろうと、日本にそうした政治的意志（ポリティカル・ウィル）が生まれるのを期待している」

残念ながらそういう政治的意志はこの国には生まれてきませんでした。やがて湾岸戦争が勃発、日本は「国際貢献」とやらの美名のもとに、百三十億ドルもの国民の血税を、わけのわからない戦争遂行目的のために、むざむざしりとられてしまったのでした。

ブラウン氏のせっかくの忠告にもかかわらずでした。そして不肖小生が、『今日の問い、明日への答え』という十二人の海外有識者との対談集の中で、「軍事力に代わる道義的代替集」と銘打ち、食料の増産や環境の保全など、非軍事的な面での寄与貢献こそが、非戦の憲法九条をもつ平和国家としての日本が率先して追求すべきテーマである旨を説いていた、にもかかわらずでした。

往時茫々、いまこうしてわが友ブラウン氏の近著を読み返し、この些か長きに失する解説を舞い納めるにあたり、昔を今になすよしもがな、という悔悟の念とともに、こんごは二度と再びあの錯誤をおかすまいと心に決し、日本のよき理解者であり助言者としてのブラウン氏の発言に二たび三たびじっくりと目を通さねばと、しみじみ思うのです。

謝辞

本書は日本とアメリカの多くの方々のおかげで刊行することができた。私の著作のほとんどは自分で書こうと決めて書いているが、本書は菱研《びしけん》のピーター・デイヴィッド・ピーダーセン氏の発案である。私は菱研で「環境問題は世界経済を変える」という講演を行ったが、その翌日「世界の食糧の見通しの変化」をテーマに講演しに盛岡へ向かう新幹線にピーターも同乗した。彼はたくさんの質問をし、前日一時間の講演で語った主要ポイントに肉付けをしていった。

その後ワシントンまでやってきた彼と話し合いを進め、本書に含めるべき内容をさらにふくらませた。

また、講演やインタビューを書き起こしてくれた日本の方々の努力のおかげで本書が実現したのだと思う。感謝の意を表したい。

そして、私が原稿に修正を加えて編集し、出版に向けての準備をする段階になったが、ここでは私のアシスタントであるR・J・カウフマンから貴重な助力を得た。彼女はこの十年ほど、私が書く本のすべてを手伝ってくれている。それから、同僚のブライアン・ハルウェルが、ワールドウォッチ研究所のデータベースから本書内の図表を取り出して用意してくれた。

原稿の用意ができると、私が日本で講演するときに通訳をする枝廣淳子さんが翻訳にかかった。翻訳作業を進める中で、彼女はことばの曖昧なところや、本書で述べようとしているポイントについてもはっきりしない箇所を確認してきた。彼女の質問に答えることで、私の言いたいことがさらにはっきり伝えられたと思う。彼女は環境文化創造研究所のスタッフでもあるが、この研究所はより多くの日本の人々にワールドウォッチ研究所の本を読んでもらえるよう努力したり、有用な講演や会合を設定したりして、われわれの研究を日本で広める手助けをしてくれている。

こうして、講演として始まったものが本になった。振り返ってみると、菱研が講演をするよう招いてくれ、さらに本にしないかと誘ってくれなければ、本書は誕生しなかった。本書は、環境的に持続可能ではない世界経済を持続可能な経済に変えるという前例のない難題を取り上げるものだ。本書を執筆する機会を与えてくれた菱研に感謝している。この難題は、われわれの世代に突きつけられたチャレンジである。チャレンジを好む人にとっては、これ以上「生き甲斐」のある時代はないだろう。

一九九八年二月二五日

ワールドウォッチ研究所所長
レスター R. ブラウン

訳者あとがき

枝廣淳子

「僕はプロボクサーだったことがあるんだよ、本当に。一五歳くらいで最初の試合に出てね。相手は自分よりずっと大きな青年だった。こっちは緊張してガチガチだったしね。でも結構いけたんだ。それから二試合、全部で三試合やったところで、世界チャンピオンにはなれそうにないことがわかって、やめたけどね」

「それからやったスポーツ？　学生時代はレスリング部だ。その後は、つい最近までフットボールをやっていた。いまは時間がなくて観るだけになってしまったけど。昔から格闘技が好きなんだよ、実は」

「それで今は、世界の環境問題と『格闘』しているわけですね？」という私のことばに、レスターは微笑んだ。確かに細身ながらがっちりした体格だし。でも、蝶ネクタイとスニーカーがトレードマークの温厚で知られるレスターが、ボクシングやらレスリングやら組み合っているところを想像するとちょっとおかしい。

レスターは、すばらしい講演者だ。OHPも何も使わずに、話術だけで聴衆をぐいぐい引っ張っていき、時間きっちりにきれいに終わる。理路整然とポイントを明らかに、データを付け加えながら語っていくので、非常にわかりやすい。自分にわからないことは「わからない」と正直にいって、決してごまかしたり知ったかぶりをしない。しかし、なかなか通訳泣かせの講演者でもある。

・まず原稿は一切出してくれない（全部彼の頭の中に入っているのだ）。

・自分用のメモも見せてくれない（むりやり頼んで見せてもらったこともあるが、結局読めなかった）。

・講演は、話し言葉というよりは書き言葉のようだ。無駄な言葉や回り道がなく、論理的で整然としており、テンポよく語っていく（私みたいな通訳者が同時通訳するときには、普通は講演者の回り道や無駄な言葉で追いついたりするので、これがないとキツイ）

・数字が（それもケタの大きな数字が）たくさん出てくる（一度、前日の講演と微妙に違う数字を出したので、「どうして昨日と違う数字なの？」とあとで聞いたら、「キミがちゃんと気づくか試そうかなと思ってね」とお茶目な答えが返ってきた）。

私は昔から関心のあった環境問題に対し、自分にできることを通じて役に立ちたいと、数年前からワールドウォッチ研究所の通訳／翻訳のお手伝いをさせていただいている。研究所の隔月誌の日本語版への翻訳をお手伝いしたり、日本での講演の通訳をさせてもらったりする中で、また来日時の移動中の雑談などを通して、いろいろと大事なこと――環境問題について、リーダーシップについて、自己を律することについて、勉強・研究の仕方について――をレスターから教わっている。昨秋から私はワールドウォッチ研究所を日本で支援する環境文化創造研究所にも所属することになり、さらに絆が深まった。

環境問題を解決する上で、日本が経済的にも技術的にも重要な位置を占めていることは言うまでもない。考え方や精神面でも西欧にないものを世界に伝え、導いていけると思う。自然を慈しみ、自然と共存する生活を昔の日本人は無理なく実践していた。最近よく聞かれる「ゼロエミッション」にしても、鎖国をしていた江戸時代にすでに他国とのやりとりなしで、自国内ですべてをまかないすべてを処理していた日本にとっては、新しい概念でも何でもない。通訳をしていてよく訳しきれずに困ることばの一つが「もったいない」だが、この「何も無駄にせず活かし切らないとお天道様に申し訳ない」という感覚も、日本(東洋)独特のものかもしれない。私もレスターはじめワールドウォッチ研究所の研究者が来日するたびに、アジアの視点や日本に昔からある考え方や実践を伝えようとしている。日本には胸を張って世界に発信できることがあると思うからだ。

その一方で、やはり事実に関する情報や、個々の情報から全体像を見るための枠組みは、まだまだ西欧から学ばねばならない。「情報化時代」といわれて久しいが、本当に重要な情報はきちんと届いているだろうか？ ワールドウォッチ研究所のように、政府や企業からの寄付金を全く受けず、それゆえ中立の立場で環境問題を研究できるNGOは、残念ながら日本にはまだ少ない。京都会議を機に日本のNGOが確立してきたのは心強いが、それでも欧米の科学研究や情報を日本に伝えることの重要性は全く減っていないと思う。ワールドウォッチ研究所と日本との架け橋の一つになりたい、情報をできるだけ正確にそして有効な形で日本に伝えるお手伝いをしたい、というのが今の私のミッションである。

これからも末長く実りある活動を一緒にさせていただけることを楽しみにしている。環境問題と格闘するレスターを少しでもサポートできればと思っている。そしていずれは、私もリングに上がりたい、と思っている。

著者紹介

レスター・R・ブラウン
Lester R. Brown

ワールドウォッチ研究所所長。１９３４年米国ニュージャージー州の農家に生まれる。ラトガーズ大学、ハーバード大学卒業後、米国農務省に入省。国際農業開発局長を経て、１９７４年ロックフェラー財団の支持を受けて、環境問題のシンクタンク「ワールドウォッチ研究所」を設立。食糧問題、エネルギー政策、地球の人口増加、気候変動など、環境問題に関する研究を行い、この分野で世界をリードする提言を続けている。毎年、ワールドウォッチ研究所から出され、３０ヶ国語で発行される『地球白書』は、市民から各国首脳まで世界中で広く読まれ、「環境問題のバイブル」と高く評価されている。国際連合の環境賞、ＷＷＦ（世界自然保護基金）の金メダル、旭化成のブループラネット賞など、多数の賞や名誉博士号を授与されている。著書には、『地球白書』、『地球データブック』（編著者）、『誰が中国を養うのか』、『食糧破局』など多数（いずれもダイヤモンド社刊）。

訳者紹介

枝廣　淳子（えだひろ　じゅんこ）

東京大学大学院教育心理学専攻修士課程修了。フリーランスの通訳者・翻訳者。同時通訳者として講演会、セミナー、シンポジウム、ビジネス交渉などで活動。翻訳書に『人生に必要な荷物　いらない荷物』『ときどき思い出したい大事なこと』（ともにサンマーク出版）。1997年より環境文化創造研究所の主席研究員。

Ecology: How Environmental Trends are Reshaping the Global Economy

Published by Tachibana Shuppan, Inc.

Republished in cooperation with toExcel,
a strategic unit of Kaleidoscope Software, Inc.

For information address:
toExcel
165 West 95th Street, Suite B-N
New York, NY 10025
www.toExcel.com

ISBN: 1-58348-145-1

Library of Congress Catalog Card Number: 99-60384

Printed in the United States of America
0 9 8 7 6 5 4 3 2 1

www.ingramcontent.com/pod-product-compliance
Lightning Source LLC
Chambersburg PA
CBHW030921180526
45163CB00002B/416
* 9 7 8 1 5 8 3 4 8 1 4 5 5 *